中国科学院科普专项资助

王 腾 张素贞 著

人造太阳

实现“双碳”目标的终极能源

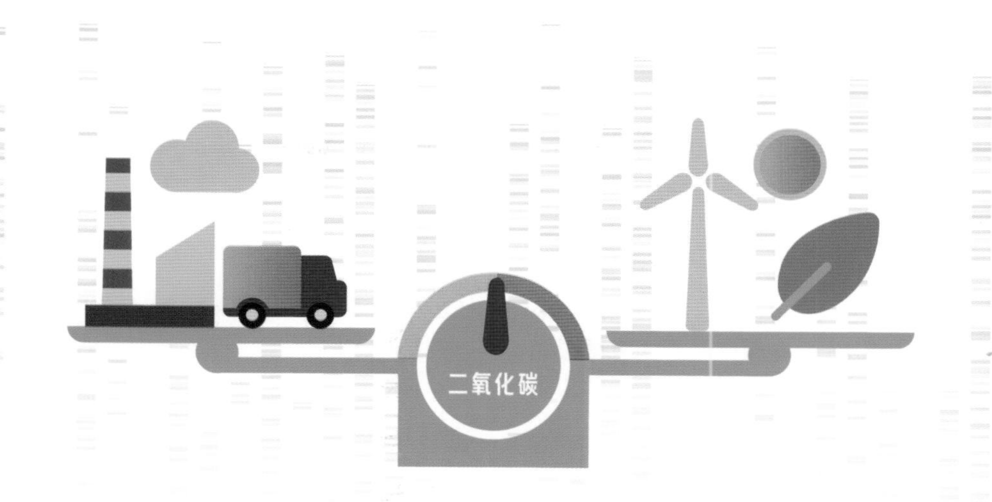

中国科学技术大学出版社

内 容 简 介

本书从能量的来源问题切入，主要介绍磁约束核聚变的研究背景和基本原理，以及磁约束核聚变研究的发展历程；介绍恒星太阳的能量来源，并结合生活中的一些现象，分别从“是什么”“为什么”“怎么建”三个角度介绍人造太阳的基本原理、战略意义、研究历程和最新进展，展望可控核聚变研究的未来发展之路。

本书适合青少年阅读。

图书在版编目（CIP）数据

人造太阳：实现“双碳”目标的终极能源 / 王腾，张素贞著. — 合肥：中国科学技术大学出版社，2024.4

ISBN 978-7-312-05968-1

Ⅰ. 人… Ⅱ. ①王… ②张… Ⅲ. 热核聚变—普及读物 Ⅳ. TL64-49

中国国家版本馆 CIP 数据核字 (2024) 第 082123 号

人造太阳——实现“双碳”目标的终极能源

RENZAO TAIYANG

——SHIXIAN “SHUANG TAN” MUBIAO DE ZHONGJI NENGYUAN

出版 中国科学技术大学出版社
安徽省合肥市金寨路 96 号，230026
http：//press.ustc.edu.cn
https：//zgkxjsdxcbs.tmall.com

印刷 安徽国文彩印有限公司

发行 中国科学技术大学出版社

开本 880 mm × 1230 mm 1/32

印张 4.625

字数 111 千

版次 2024 年 4 月第 1 版

印次 2024 年 4 月第 1 次印刷

定价 40.00 元

前言

“我有一个美丽的愿望，长大以后能播种太阳。”这首名为《种太阳》的儿歌相信有些小伙伴在童年时唱过。然而，大家可能不知道，此时此刻，在世界的某一些角落，真的有一群科学家正在孜孜不倦地研究怎么“种太阳”！他们如同古希腊神话里为人类盗取火种的普罗米修斯，将毕生精力用来研究如何把太阳的“火种”带到地球上，“种”出一颗人造的“太阳”，然后把这些能量提取出来转换成电能，从而源源不断地照亮人类的未来生活。

有的小伙伴会问，天上已经有太阳了，为什么还要再造一颗“太阳”呢？这要从我们人类的生存需求说起。人类每天的生活都在持续不断地消耗能量，我们吃的每一口粮食，喝的每一口水，乘坐的每一辆汽车，照明用的每一盏灯，都在消耗能量。这些能量不是凭空产生的，它们都是从一种叫能源的物质里提取出来的。从字面意思来看，能源其实就是能量的来源。

地球上有很多种能源形式，我们目前最常用的就是化石能源。化石能源是目前世界能源结构中的主力能源，主要包括煤炭、石油、天然气。作为自然界在几亿年间给人类储存的宝贵财富，化石能源从 18 世纪中叶的工业革命开始被人类大量使用，并给人类社会带来了空前的繁荣。

化石能源的储量有限且不可再生，只能再支撑数百年的时间。不久的将来，当化石能源逐步枯竭，人类社会庞大的能源消耗将如何维持？科学家们发现，核聚变能具有能量密度高、原料储量丰富、安全环保清洁等特点，是未来理想的重要能源。经测算，1 升海水中含有的氘全部反应所产生的聚变能与 300 升汽油完全燃烧所释放的能量相当，海水中氘的储量可供人类使用几十亿年。上述这些优点使得聚变能被认为是一种具有战略意义的能源，世界各国尤其是发达国家都已不遗余力地开展可控核聚变的研究。

本书主要介绍磁约束核聚变的研究背景和基本原理，以及磁约束核聚变研究的发展历程，力图以通俗的语言使人们了解人造太阳是什么，为什么建造人造太阳，以及如何一步步实现人造太阳这一目标。核聚变能究竟具有什么样的特性，使得一代又一代的科学家们几十年如一日地为之呕心沥血？它的和平利用，将昭示一个怎样的时代？又面临着哪些挑战和困难？本书将用通俗易懂的语言，为你揭晓这些问题的答案。

目录

第1章

人类文明发展史上的能源革命

1 人类生命的基础——能量

人从呱呱坠地开始，一种叫“能量”的物质就开始伴其一生：饿了要吃饭，“饭”可以提供人体需要的能量；冷了要穿衣，“衣”作为一种能量聚集体能够将人体维持在舒适的温度；做饭要生火，“火”的能量照亮了黑夜，给人类带来了温暖和光明；出行要乘车，“车”靠燃烧汽油来获取能量，给人类的出行带来便利（图 1.1）……你能想到的任何人类活动，都在或快或慢地消耗着能量。可以这么说，能量是人类不可或缺的生存基础，没有能量，就没有生命的诞生和延续。

图 1.1　燃烧汽油为汽车提供能量

在日常生活中，我们经常使用“能量”一词来表达它本义之外的一些含义。有的时候我们认为能量是力气，比如在困了、累了的情况下，我们会说“没能量了”；有的时候我们认为能量是营养成分，比如在饿了、渴了的情况下，我们会想“补充能量”；有的时候我们认为能量是精神状态，比如看到一个人精力充沛，我们会说他“能量满满”；还有的时候我们认为能量是对事物的一种态度，比如评价一段话语的时候，我们会说这段话充满“正能量”或者“负能量”……以上这么多意思，其实都是“能量”一词本义的延伸。

在物理课上，“能量”则是物理学中的一个基本概念，通常用来量化物质运动的能力。自然界中，能量不但可以从一个物体转移到另一个物体，不同形式的能量之间还可以相互转化。比如，一个运动的物体，我们说它具有动能；一个放在高处的物体，我们说它具有势能（图1.2）；一个有温度的物体，我们说它具有内能或热能……

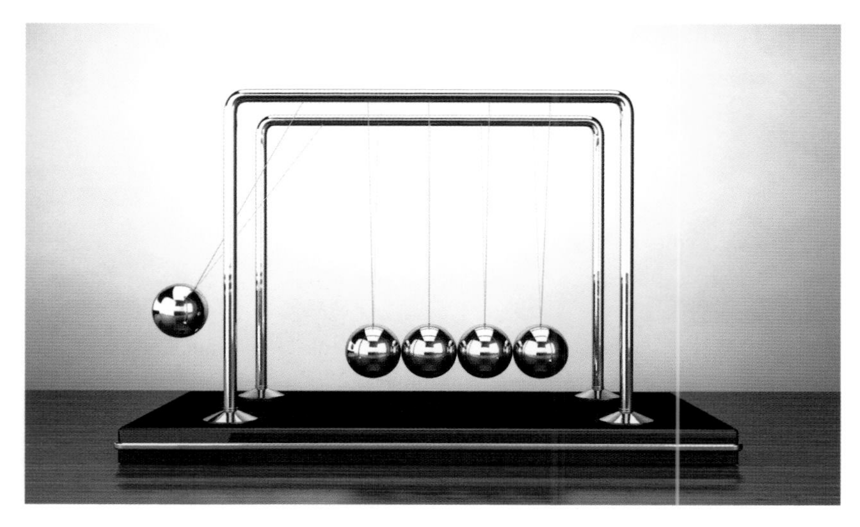

图 1.2　牛顿摆的小球被拉高时就具有了势能

在了解了什么是能量后，另一个问题就自然而然地产生了——能量从哪里来？

② 能量的源头——能源

能量对我们如此重要，任何生命活动都离不开能量，但能量不是凭空产生的，它具有一个源头，我们把这种可以提供能量的源头称为“能源”（图 1.3）。因此，你可以认为“能源”这个词是“能量的源头”或者“能量的源泉”的简称。

图 1.3　人类用风车从风里获得的能量，即风能

人类生命活动所需的所有能量都要靠能源来提供，而能源是自然界中原本就存在的一种物质资源，它具有多种形态和形式，有的可以从太阳系的主星——太阳获得，有的则是地球内部经过数十亿年的演化形成的。我们根据不同的存在形式给它们以不同的命名。

比如从太阳直接获得的光能和热能，我们称之为“太阳能”（图1.4）；从巨大的风力中获得的能量，我们称之为“风能”；从流淌的大江大河中获得的能量，我们称之为“水能”；从广袤的海洋中获得的能量，我们称之为“海洋能”；从海洋的潮汐变化中获得的能量，我们称之为“潮汐能”（图1.5）；从地球内部直接获取的热能，我们称之为“地热能”（图1.6）。如果问我们目前人类生活中主要使用的是什么能源？答案是“化石能源”。

图1.4　太阳能光伏板

图 1.5　潮汐能涡轮发电机

图 1.6　地热能发电

之所以称其为“化石能源”，是因为这种能源形式是从化石演化来的。在远古时期，一些动物或者植物的遗骸经过地壳的变化运动被深埋到地下，经过各种微生物的催化作用和地球数亿年的演化作用，一些古生物的遗骸变成了不同形态的物质：有的变成了黑黑硬硬的固体，我们称之为“煤炭”；有的变成了黑色黏稠的液体，我们称之为“石油”；有的则变成了无色可燃烧的气体，我们称之为“天然气”。由于它们都是由古生物的化石转化而来的，所以就有了一个响亮的统一称号——化石能源。

化石能源是地球的一个巨大宝藏，它具有能量大、易获取、使用便利等优点，通过对化石能源的开采和利用（图 1.7），人类的生产和生活水平发生了翻天覆地的变化。回顾人类的化石能源开发利用史，我们发现人类文明的进步很大程度上是建立在对化石能源的利用上的，化石能源的利用水平从整体上影响着人类文明的进程，并成功使人类占据一定优势。然而，遗憾的是，这笔地球数亿年积累起来的财富经过人类数百年“只取不存”式的消耗性发掘，已经日渐枯竭、所剩无几（图 1.8）。同时，对化石能源的利用，也给我们的地球生态带来了严重的负面影响。因此，无论是从节约化石能源的角度，还是从减缓生态恶化的角度，我们都亟须开发能量足够大、原料足够丰富，且足够安全环保的新能源。

图 1.7 石油开采

图 1.8 地球上的石油资源正在逐渐枯竭

在人类文明的发展过程中，有过几次历史性的有关能源利用的变革，我们称之为“能源革命”。

③ 人工取火——第一次能源革命

第一次能源革命的标志是“人工取火”。在太古时期，虽然自然界中存在火，但原始人并不知道怎么利用火，甚至很害怕火，他们对于拾到的水果或是捕到的动物，都是直接生吃（图 1.9）。一次偶然的森林大火后，原始人捡拾到被火烧死的野兽，一尝味道发现比生食鲜美很多。自此，原始人将这些自然形成的野火带回定居点，并将一些燃烧缓慢的物质作为火种长期保存下来，以备烧制食物时使用。

图 1.9　原始社会狩猎场景

虽然火种已经能被保存，但在使用上还有很多不便之处。如果遇上连绵阴雨的天气，火不是被淋湿熄灭，就是因没有干燥的柴草接续而熄灭。而要重新找到野火，不知又得等到何时。因此，火种熄灭的后果比我们现今停电要严重得多。正是火种难以寻找和长期保存，迫使人类发明了人工取火。

当人类学会钻木取火（图 1.10）并保留火种时，就初步具备了支配自然资源的能力。实现从利用自然火到利用人工火的转变，标志着人类完成了第一次能源革命，进入以柴薪为主要能源的时代（图 1.11）。

图 1.10　钻木取火

图 1.11　第一次能源革命以柴薪为主要能源

火的使用，是人类利用初级生物质能的开始，人类由此逐渐进入农业时代。通过燃烧柴薪，人类得以获取、利用除阳光之外的更多光和热（图 1.12）。火的使用帮助人类祖先熬过漫长的寒冬，并能迁徙到更寒冷的地区。

图 1.12　原始社会对火的利用

火还带来了人类烹饪方法上的革命，人类可以从食物中获得更多的热量和营养。被火加热过的食物大分子被破坏，更容易被人体消化吸收。因此，人类用于咀嚼和消化而消耗的能量更少，食物的利用率更高，同样数量的食物可以养活更多的人。人类还学会了利用火冶炼和烧制金属、陶瓷工具与器皿（图 1.13）。在火的助力下，人类最终告别了茹毛饮血的原始文明，进入农业文明。

图 1.13　古代陶瓷烧制模拟场景

第一次能源革命改变了整个人类社会的发展进程，奠定了人类发展的物质与生存基础。但是，当时的人类还没有完全掌握把热能变成机械能的技巧，因此柴薪并不能产生动力。从茹毛饮血的原始社会到漫长的奴隶社会、封建社会，人力和畜力是生产的主要动力。而风力和水力的利用，使人类找到了可以代替人力和畜力的新能源。但随着生产的发展，社会需要的热能和动力越来越多，柴薪、风力、水力所提供的能量因受到许多条件的限制而无法被大规模使用。

4 蒸汽机——第二次能源革命

煤炭（图 1.14）的发现与利用为人类生产、生活提供了大量热能，风车和水车的制作则使人类积累了机械制造的丰富经验，把两者结合，蒸汽机便应运而生（图 1.15）。蒸汽机的发明是人类对能量进行收集和利用的新里程碑，人类从此逐步以机械动力大规模代替人力和畜力，由此人类社会便迎来了第二次能源革命。

图 1.14　煤炭

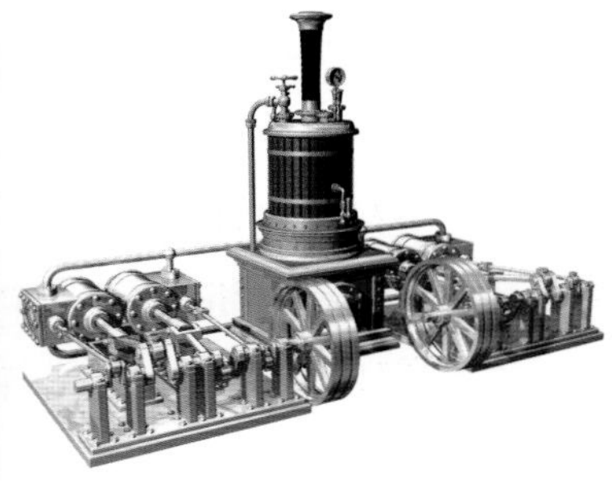

图 1.15　蒸汽机

蒸汽机的发明与使用也标志着工业革命的开始，这是人类第一次将煤炭燃烧的化学能通过机器转化为动能，代替人力。从此，人类开始飞速发展。1788 年，威廉 · 西明顿（William Symington）建造并乘坐以瓦特蒸汽机为动力的双体船穿越了达尔斯温顿湖。1804 年，理查德 · 特里维西克（Richard Trevithick）利用瓦特蒸汽机建造了世界上第一台矿山蒸汽机车。1817 年，乔治 · 斯蒂芬森（George Stephenson）进一步完善了蒸汽机车，并将铁路和火车商业化。从此，蒸汽轮船和蒸汽机车连接了全世界，人们的旅行时间被大幅缩短。与此同时，人类建立了以蒸汽为动力的工厂，其产量成倍增长。

蒸汽机的主要原理是将蒸汽的能量转变成机械功，在此基础上，18 世纪的英国发生了近代史上极为重要的能源技术革命，即高效利用煤炭的蒸汽机被发明和应用。这一变革使英国突破了制约经济发展的能源瓶颈，实现了经济腾飞，确立了世界头号强国的地位。源于英国的化石能源技术革命开启了近代世界工业文明的历史大幕，极大地促进了工业化国家生产力的发展和经济的增长。

不过，以煤炭为燃料的蒸汽机庞大且笨重，燃煤还会造成严重的空气污染；由煤炭制成的煤气储存与运输成本高，且有易爆风险。石油在当时是一种比煤炭能量更高且更容易被储存和输送的化石燃料，但起初人们对石油的需求并不多。直到 19 世纪中叶，当人们了解到无法再依赖鲸脂照明时，才开始对石油产生更大的需求。几乎同时，从石油中蒸馏煤油的技术取得突破，由此掀起了第一轮石油开发热。

5 内燃机——第三次能源革命

蒸汽机十分笨重，效率又低，无法在轻便的运输工具如汽车、飞机上使用。因此，人类又发明了新的热能机——内燃机（图 1.16）。内燃机的“内”是相对于蒸汽机来讲的。蒸汽机的工作原理是利用燃烧的煤炭来加热锅炉内的水，从而使水变成水蒸气。因为水蒸气压力较高，因此将水蒸气引入气缸，从而推动活塞工作，实现曲轴的旋转。由于蒸汽机的能源产生在机体外，所以可以认为蒸汽机是外燃机的一种。由此可以推断，这种让某种燃料先在气缸内产生能量，从而推动活塞运转，实现曲轴旋转的机器就可以被称为内燃机。

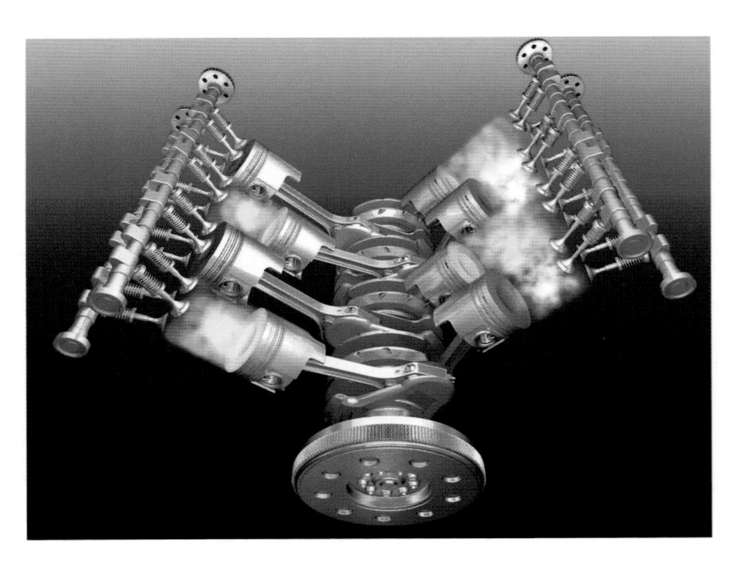

图 1.16　内燃机

什么样的燃料才能达到在机体内产生能量的条件呢？答案其实不难想象。要想在机体内燃烧产生能量，首先，要能够将这种燃料快速地送到气缸内；其次，燃料要能够在气缸内燃烧；最后，在气缸内燃烧后，还要将废气排出缸体且没有残渣。如果满足不了以上条件，那么便无法实现内燃机的顺利运转（图 1.17）。

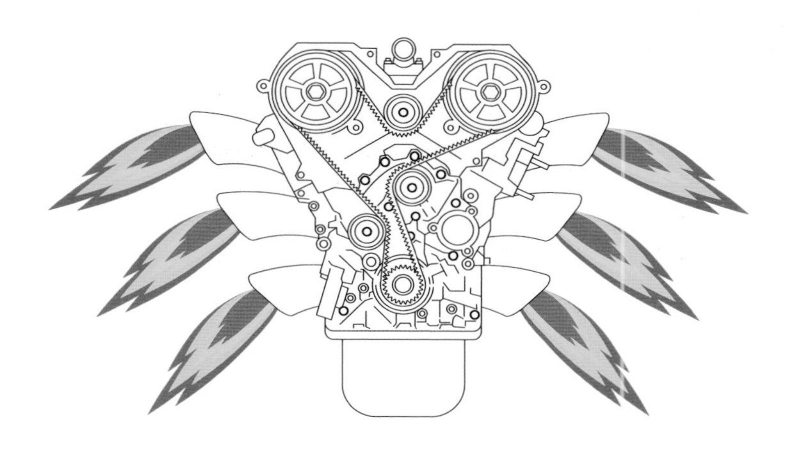

图 1.17　内燃机结构

在人类不间断的生产实践与研究中，满足以上条件的燃料一个接一个地被发现，首先被发现的就是煤气。煤气的主要成分是比较容易燃烧的一氧化碳，而一氧化碳燃烧后会生成二氧化碳且没有残渣。因此，煤气就自然而然地成为内燃机的燃料了。

内燃机的发展大约有 130 年的历史，早期内燃机的发展为现代内燃机的热力循环奠定了热力学基础，为内燃机车（图 1.18）及未来汽车的发展作出了巨大贡献（图 1.19）。内燃机的使用引起了能源结构的又一次变化——石油登上历史舞台。部分国家依靠石油创造了经济发展的奇迹。

图 1.18　内燃机车

图 1.19　石油为世界经济发展作出巨大贡献

6 核能发电——第四次能源革命

当物理学家发明出可以控制核能释放的装置——核裂变反应堆后，以核裂变能为代表的第四次能源革命便拉开了序幕。目前，商业运转中的核能发电站都是利用原子核分裂时产生的能量来发电的（图 1.20）。

图 1.20　原子核蕴含巨大能量

核反应中的核燃料名为铀 -235。当铀 -235 的原子核受到外来中子轰击时，一个原子核会吸收一个中子分裂成两个质量较小的原子核，同时释放出 2~3 个中子，裂变产生的中子又去轰击另

外的铀 -235 原子核，引起新的裂变，如此持续进行就是裂变的链式反应（图 1.21）。用铀 -235 制成的核燃料在一种叫反应堆的设备内发生裂变而产生大量热能，再用处于高压力下的水带出热能，在蒸汽发生器内生成蒸汽，蒸汽推动汽轮机带着发电机旋转，从而产生电。

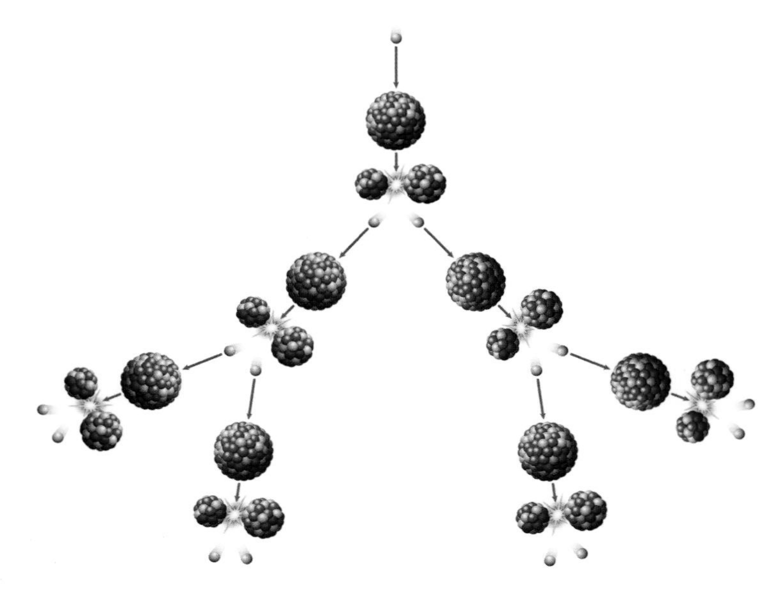

图 1.21　铀 -235 的核裂变和链式反应

然而在实际应用中，反应堆里的高速中子会大量分散，这就需要使中子减速，从而增加其与原子核碰撞的机会。核反应堆必须有控制设施才能控制设备的工作状态，尤其因为裂变产物有放射性，若不加以防护会伤及人体。经过长期的研究与试验，最终核反应堆由核燃料慢化系热载体控制设施和防护装置组成（图 1.22）。有了安全可靠的前提，核电站也得以顺利运转。

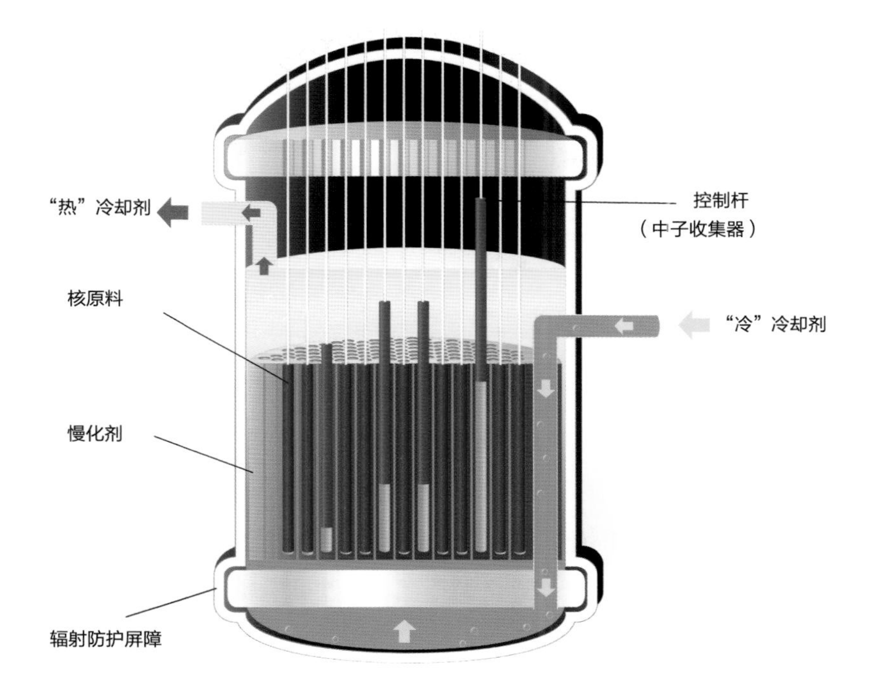

图 1.22　核反应堆原理图

世界核电的发展历程大致可分为四个阶段。

第一阶段：实验示范阶段（1954—1965 年）。在此期间，全世界共有 38 个机组投入运行，属于早期原型反应堆，即“第一代”核电站。

第二阶段：高速发展阶段（1966—1980 年）。在此期间，受石油危机的影响以及核电经济性被看好，核电得以高速发展。全世界共有 242 个机组投入运行，属于“第二代”核电站。

第三阶段：减缓发展阶段（1981—2000 年）。1979 年美国三哩岛核事故和 1986 年苏联切尔诺贝利核事故的发生，直接导致了世界核电发展的停滞，人们开始重新评估核电的安全性和经济性。为保证核电厂的安全，世界各国采取了增加更多安全设施、执行更严格审批制度等措施，以确保核电站的安全运行。

第四阶段：开始复苏阶段（21世纪以来）。随着世界经济的复苏，以及越来越严重的能源、环境危机，核电作为清洁能源的优势又重新显现。同时经过多年的技术发展，核电的安全可靠性进一步提高，世界核电的发展开始进入复苏期，很多国家都制定了积极的核电发展规划。

目前，核电与水电、煤电一起构成了世界能源供应的三大支柱，在世界能源结构中占有重要地位。世界上已有30多个国家或地区建有核电站。根据国际原子能机构（International Atomic Energy Agency，IAEA）统计，截至2022年6月底，全球在建核电机组共53台，总装机容量约5437.7万千瓦。在建机组规模居前三位的国家依次是中国、印度、俄罗斯。

第2章

第五次能源革命——低碳能源

煤炭、石油、天然气的发现和使用，极大地提高了劳动生产率，使人类文明取得了很大的进步，但同时也带来了环境和气候等方面的问题。因此，我们提出注重生态文明建设，要从工业文明走向生态文明。这又将是一次能源革命，即非化石能源要逐步取代化石能源，或者说要从以化石能源为主的能源生产和消费结构，走向以非化石能源为主的能源生产和消费结构，以此为基础，人类才能从工业文明走向生态文明。能源革命里最根本的一条原则就是要低碳发展。能源低碳发展，是当下全球的共识。

1 低碳的“碳”指的是什么?

碳是宇宙中第六丰富的元素，仅次于氢、氦、氧、氖和氮，其化学符号为 C（图 2.1）。

6 12.011 C $1s^22s^2p^2$

图 2.1　碳元素符号

当长长的纯碳原子链在三维空间形成时，即形成了金刚石；当长长的纯碳链在二维空间形成时，即形成了石墨。碳也可以与其他元素结合形成化合物，科学家估计，95% 的已知化合物都是以碳为基础的。由碳原子的长链或环与氢原子、氧原子和氮原子结合形成的化合物，我们称之为“有机化合物”。有机化合物是动物、植物和土壤的重要组成部分。所有以碳元素为有机物质基础的生物被称为“碳基生物”。地球上已知的生物都属于碳基生物。

碳是我们生活中的常客，在我们的社会生活、经济发展和生态环境中扮演着非常重要的角色，从呼吸的空气到地壳的岩石组成，从植物到钢铁，它是地球上生命的化学支柱，调节着地球的温度，构成了我们赖以生存的食物，也为经济发展提供了丰富的化石能源。

低碳中的“碳”是指碳元素与氢、氧结合所产生的无机化合物，主要指以二氧化碳为代表的温室气体。低碳生活，就是指在生活中要利用低碳的科技创新减少所消耗的能量，特别是减少二氧化碳的排放量，从而减少对大气的污染，减缓生态恶化。

工业革命开始以来，大气中的二氧化碳含量已经增加了 30%，主要是来自能源矿物的大量燃烧。当然这并不是碳排放中碳的所有来源，生命体（动物、微生物等）消耗碳水化合物后产生的二氧化碳、人类的活动特别是对土地不合理的开发利用而使得土壤中有机碳被氧化释放的二氧化碳等，都是碳排放中碳的来源。只不过在工业革命以前，大气中碳含量的变化主要是因为生物量和土壤有机碳的变化，而现在能源矿物的燃烧是大气中碳含量变化的主要因素。

除了释放碳的活动，自然界还进行着吸收碳的活动，那就是植物的光合作用。植物通过光合作用将碳吸收固定，同时释放氧气，可以有效调节空气中碳的含量（图 2.2）。但是人类早期的粗放式发展，对植被的滥砍滥伐在一定程度上造成植被覆盖率降低，也影响了大气中的碳含量的变化。

图 2.2 植物的光合作用可以吸收二氧化碳

2 温室效应需要“恰到好处”

温室，对大多数人来说并不生疏。每到冬季，农田中的一排排温室和塑料大棚里春意盎然，碧绿鲜嫩的瓜果蔬菜花繁叶茂。为什么室外冰天雪地，而温室内却温暖如春呢？原来温室顶棚和四周的玻璃（或塑料薄膜）能够透进太阳光的短波辐射，而室内地面反向的长波辐射却很少能穿透玻璃（或塑料薄膜），这样热量就被留在室内，因此温室里的温度比室外要高出许多。

近几十年来，由于人类消耗的能源急剧增加，森林遭到严重破坏，大气中二氧化碳的浓度不断上升。二氧化碳就像温室的玻璃一样，并不影响太阳对地球表面的辐射，但却能阻碍由地面反射回高空的红外辐射，这就像给地球罩上了一层保温膜，使地球表面气温增高，产生"温室效应"（图 2.3）。

图 2.3　"温室效应"示意图

事实上，温室效应并不完全是一件坏事。就像农田的大棚对植物生长有益一样，一定的温室效应能保证地球上的气温恒定，适合动植物生存，对于人类和各种生物来说是非常有益的。而过少的温室效应或者过多的温室效应对于生命体来说则都是灾难。

我们地球所在的太阳系中，金星、火星、地球都处于宜居带上（图 2.4），但是只有地球上有生命，这与三个星球上的温室效应程度不同大大相关。

火星在太阳系中的位置与地球接近，大气组成成分也与地球相似，都含有一定的氮、氩和少量的氧、水蒸气，二氧化碳占大气的比例更是达到了 96%。但火星上的大气非常稀薄，温室效应程度很小，这导致火星上温差非常大，如白天赤道附近的温度最高可达 35 摄氏度，夜晚则因为没有温室气体的保护，气温急速下降，最低温度能到零下

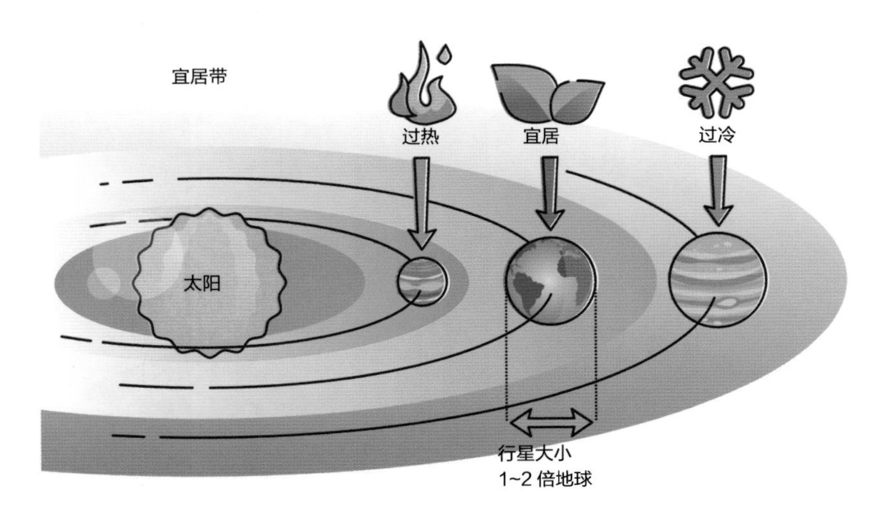

图 2.4　金星、地球、火星的温度差异非常大

153 摄氏度。在这种温度下，碳基生物根本无法生存。因此人类如果想在火星上生存，就要想办法在火星上制造巨大的“温室”，有效发挥温室效应，融化火星上的冰冻物质。

与此相反，金星则是一个温室效应程度极高的星球。金星的大气主要由二氧化碳组成，并含有少量的氮气。金星的大气压强非常大，是地球的 92 倍。大量二氧化碳的存在使得金星形成了太阳系中最强烈的温室效应。据估计，金星的温室效应比地球强了上万倍，浓厚的大气就像一层密不透风的“厚棉被”，将金星的温度“捂”得非常高，使金星成为太阳系里最热的行星。金星的表面平均温度为 462 摄氏度，即使是背对太阳的一面也会有 380 摄氏度的高温。同时金星上也没有四季之分。科学家曾经计算过，如果将金星大气中的二氧化碳全部去掉，金星的温度将会骤降 400 摄氏度。

火星、金星的情况表明，过少的二氧化碳会使星球过于寒冷，而过多的二氧化碳会使星球过于炎热，这两者都对我们有所警示。在地球上，适当的温室效应使得碳基生物“恰到好处”地存在着。可是地球的大气如今也在朝着自己的姐妹星球接近，人类排放的大量二氧化碳进入地球的大气中，使地球的温室效应加剧（图 2.5）。虽然不可能像金星那样极端，但造成的影响也是巨大的，很有可能让地球重置生态系统。

地球上的温室效应增强，主要是由于现代工业社会过多地燃烧煤炭、石油和天然气等燃料，将大量的二氧化碳气体释放到大气中。由于二氧化碳的吸热和隔热作用，其增多的结果就是地球表面逐渐热起来，这将会导致一系列严重的后果：地球冰川消退，海平面上升；气候带北移，引发生态问题；此外，还会使局部地区在短时间内发生急剧的天气变化，导致气候异常，造成并加重高温、热浪、热带风暴、龙卷风等自然灾害。温室效应还会导致极热天气出现的频率增加，使人类心血管和呼吸系统疾病的发病率上升，加速流行性疾病的传播和扩散，从而严重威胁人类健康。

图 2.5　全球变暖

3 碳达峰、碳中和——应对全球气候变暖

气候变化是人类面临的全球性问题，随着二氧化碳的大量排放，温室气体猛增，地球生态系统面临威胁。在这一背景下，世界各国以

全球协约的方式减排温室气体。1997 年 12 月，在日本京都召开的联合国气候变化框架公约参加国第三次会议制定了《京都议定书》。其目标是“将大气中的温室气体含量稳定在一个适当的水平，以保证生态系统的平滑适应、食物的安全生产和经济的可持续发展”。在 2015 年 12 月召开的联合国气候峰会上，195 个成员国通过了《巴黎协定》，取代此前的《京都议定书》，以期望能共同遏制全球变暖趋势。2016 年 4 月，170 多个国家领导人齐聚纽约联合国总部，共同签署了《巴黎协定》。各国在《巴黎协定》中承诺，21 世纪末将全球温度上升控制在不超过工业化前 2 摄氏度，并在 2050 年实现全球“双碳”目标。2020 年 9 月 22 日，中国在第 75 届联合国大会上公布了“双碳”目标——2030 年实现“碳达峰”，2060 年实现“碳中和”。

碳达峰是指在某一个时点，二氧化碳的排放达到峰值，不再增长，之后逐步回落。而碳中和，则是指在一定时间内直接或间接产生的温室气体排放总量，通过植树造林、节能减排等形式，以抵消自身产生的二氧化碳排放量，实现二氧化碳“零排放”（图 2.6）。目前，全球已经有超过 130 个国家和地区设定了“零碳”或碳中和目标。

图 2.6　碳中和

我国对全世界宣布“双碳”目标，除了响应《巴黎协定》，积极应对气候变化，彰显大国责任和担当外，在加速我国经济和能源转型方面也具有高瞻远瞩的战略意义。2021 年，我国全面开启了绿色低碳经济的引擎。在“十四五”规划中，至少有 4 个章节提到了碳中和，分别涉及能源、交通、环保、制造等领域。作为世界上最大的发展中国家，中国将完成全球最高碳排放强度降幅，用全球历史上最短的时间实现碳达峰到碳中和，这无疑将是一场硬仗。

4 实现“双碳”目标有哪些方法？

实现“双碳”目标是一场广泛而深刻的变革，不是轻轻松松就能实现的。为了实现“双碳”目标，人们提出了很多意见和方法，主要有以下几种。

（1）植树造林固碳

绿色植物可以通过光合作用，利用光能，把二氧化碳和水转化成储存能量的有机物，并释放出氧气。在碳的捕获与储存方面，一棵树是一座坚固的碳塔，一片森林就是一个巨大的碳储存库。应对以全球变暖为主要特征的全球气候变化问题，植树造林固碳是主要途径之一（图 2.7）。

图 2.7 森林固碳

森林是陆地生态系统中最大的碳库，目前我国森林覆盖率达23.04%，人工林面积居世界首位。同时，经过我国科学家多年的努力，已培育出能源植物新品种——超级芦竹。其生物量巨大，适生区域广泛，拥有很强的吸收二氧化碳的能力。这可能是我国实现“双碳”目标工作中成本较低、效益较大的途径之一。

（2）节能减排减碳

节能减排也是减碳降碳的重要方式之一，通过采用新的技术改变生产模式和消费模式，将高能耗、大排放的生产方式改为低能耗、低排放的生产方式，提高生产效率进行节能减排，从而推动人与自然和谐共生。

（3）技术捕集封存

除了植树造林固碳、节能减排减碳这些被动方式，人们也在主动出击，采取主动捕获、封存的方式，以减少二氧化碳的含量，这种技术被称为碳捕获与封存（Carbon Capture and Storage，CCS）技术。CCS 技术是指将二氧化碳从工业或其他碳排放源中分离、捕集并封存起来，具有减排规模大、减排效益明显的优点，被形象地称为“碳捕手”（图 2.8）。

捕获后的二氧化碳需要被封存起来，封存的方法有地质封存和矿物封存两种。地质封存是指将二氧化碳注入深层地质结构（如油田、气田、咸水层、不可开采的煤矿）中进行封存。矿物封存则是指利用化学反应，在催化剂的辅助下，把气体二氧化碳转化成稳定的固体碳酸盐。

图 2.8　CCS技术被称为“碳捕手”

（4）技术转化利用

利用技术捕获的二氧化碳除了被封存之外，还有一个更为积极的方式就是进行转化，将收集到的二氧化碳转化成其他有用的碳基能源和碳基材料，有效做到变废为宝。

二氧化碳转化可以分为化学转化、物理转化两种方式。化学转化可以将二氧化碳转化为能源产品、化学品和功能材料。物理转化技术则可以将二氧化碳转化为能提高能源利用效率的燃料。

（5）开发清洁能源

二氧化碳几乎都是由化石能源产生出来的。开发出清洁能源来替代化石能源（图 2.9），才能从源头上解决碳排放的问题。

目前，人类开发并使用的清洁能源有太阳能、风能、水能、地热能、海洋能等。这些清洁能源不含碳或含碳量很少，对环境没有影响或者影响很小。但是这些清洁能源在持续供能方面存在不足，供能能力会受天气或地理条件的限制，波动性大，只能提供间断式

图 2.9　人类不断开发清洁能源

供能，同时能量密度比较低，大规模的开发利用需要较大的空间。因此它们暂时很难替代现有的化石能源，只能作为辅助能源，尽量减缓碳的大规模排放。

幸运的是，除了上述清洁能源外，人类还发现了一种能量密度很大、可以大规模开发利用、能够替代现有化石能源的清洁能源，那就是核能。核能是人类具有希望的未来能源之一。人们开发核能的途径有两条：一是重元素的裂变，如铀的裂变，这种核能被称为“核裂变能”；二是轻元素的聚变，如氘、氚等的聚变，这种核能被称为“核聚变能”。目前，核裂变技术已经得到实际性的应用，现今世界所有的核电站采用的都是核裂变技术；而轻元素的核聚变技术，因为实现难度比核裂变技术难得多，目前还正在积极研究中。

核聚变技术是利用原子核的聚合反应来释放巨大能量的技术，是一种无限、清洁、安全的能源，被科学家们誉为能源领域的“圣杯”，被视为人类的终极能源。核聚变技术一旦能够成功应用，将实现“双碳”目标，彻底地解决人类面临的能源问题。

第3章

核聚变能是实现“双碳”目标的终极能源

1 我们都是星星的后裔

当仰望星空时，你是否思考过这样的问题：地球上的生命究竟是从什么地方来的？要想搞懂这个问题，我们得从宇宙的形成之初讲起。

根据宇宙大爆炸理论，在大约 138 亿年前，宇宙还是一个时空奇点，没有任何物质，甚至连空间都没有。随后宇宙开始经历剧烈的膨胀，这让能量得以分散开来，宇宙温度逐渐降低。到宇宙诞生后 10^{-33} 秒，宇宙空间暴涨结束，纯能量开始转变为各种基本粒子。到宇宙诞生后 100 微秒，夸克聚集形成质子和中子。

各种元素的不同之处在于质子数。原子核中只有 1 个质子的，就是氢元素。在宇宙中，氢是含量最丰富的元素，也是最简单的元素。质子和中子组合在一起，可以创造出更复杂的元素，例如氦元的原子核中就包含 2 个质子和 2 个中子。以此类推，只要不断地将质子和中子组合在一起，就能创造出更多更复杂的元素，我们称这个过程为“核聚变”。

当然这个创造元素的过程并不容易，要将质子聚合在一起是一件极其困难的事情，研究表明至少要达到 400 万摄氏度的温度，才能够启动从氢到氦这种最简单的核聚变反应，而要创造更复杂的元素，所需要的条件将会苛刻得无法想象。事实上，比氢、氦更重的元素要么来自恒星内部的核聚变，要么来自超新星爆发，或者来自中子星碰撞，地球本身没有条件进行核反应来制造大量元素。

大量的元素在恒星的中心形成，那些巨大、年迈的恒星在壮丽陨落的同时，将这些原始的材料抛撒到宇宙的各个角落，便又回到了星云（图 3.1）的形式，而新一代的恒星和行星会在那里孕育形成。在大约 50 亿年前，太阳就诞生在这种星云里，它周围的残留物质在引力的作用下慢慢地形成了一个行星网络，其中就包括地球。

图 3.1 星云

今天，我们所拥有的一切，全都来自最初的那团星云，生命的源头就来自那里。我们人类的身体，主要由碳、氢、氧和氮等元素构成（约占人体质量的 96%），除此之外，还有磷、硫、钾、钠、氯、镁、铁、锌、氟、铷、锶、铜、碘等微量元素。我们身体里的这些元素，都产生于那些太空深处绚丽的星星，都记录着宇宙的美丽历史。所以，我们都是星星的后裔，我们都是宇宙的宠儿。

② 人造太阳计划

通过前文，我们了解了宇宙中的元素是核聚变的产物，而在地球附近就有一颗时刻在发生核聚变的大火球，那就是太阳。在太阳的核心区，一刻不停地在进行着氢原子核的核聚变反应（图 3.2），靠着它们的核聚变反应，太阳才能持续不断地释放出大量的能量。

通过研究数据，人们发现太阳 1 秒释放的能量可以支撑人类使用数万年。而人类文明的历史迄今为止只有几千年，这就是说，太阳 1 秒释放的能量，比人类有史以来使用的能量总和还要大很多。这个数据深刻地揭示了太阳能量的巨大。

当人们发现太阳的秘密后，不禁想到，如果能把这种能量开发

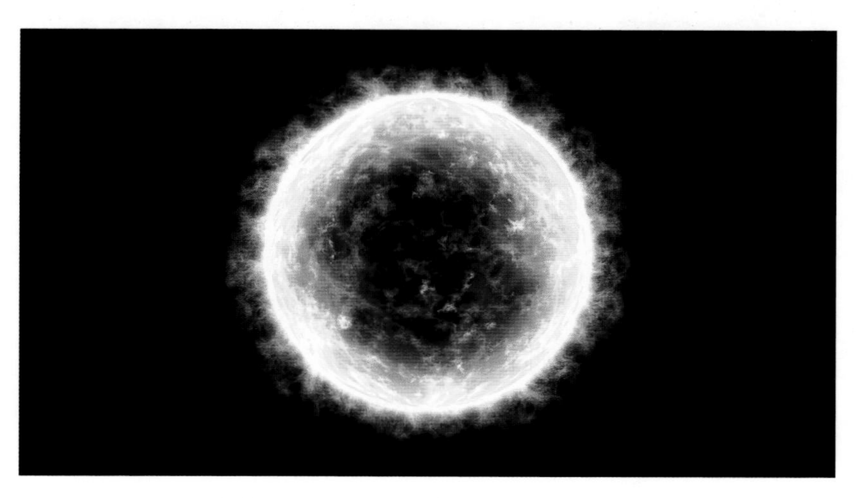

图 3.2　太阳的核心区一刻不停地进行着核聚变反应

出来，即制造一颗“太阳”，为人类提供海量的能源，那该多好啊！于是一个令人期待的计划——人造太阳计划被科学家们提上了研究日程。

科学家们首先利用核聚变的原理，造出了鼎鼎有名的氢弹（图3.3）。而氢弹的威力源自一种不可控的核聚变反应，如果这种巨大的能量不受控制地瞬间释放，对人类来说不是福利而是灾难。因此，科学家们目前还在不遗余力地研究可以控制的核聚变反应，希望利用这种可以控制的核聚变反应来产生巨大的能量，从而建造出一座核聚变能的发电站。

图 3.3　中国第一颗氢弹模型

3 “全身都是宝”的可控核聚变

对比其他能源，可控核聚变能源是一种“全身都是宝”的能源。

它不仅原料丰富、能量巨大，同时还非常安全、非常环保，是人类有史以来所能寻找到的理想能源之一。

目前我们使用的能源主要是煤炭、石油和天然气，它们都是由古代动植物埋藏在地下的遗体经过数亿年的演化而成的。所以，人们把煤炭、石油、天然气并称为“化石能源”。由于古代动植物的遗体是有限的，因此这些化石能源也是有限的，而且在短时间内很难被制造出来，所以化石能源是“不可再生”能源。不可再生就意味着这种能源越用越少，而目前人类对化石能源极度依赖，化石能源作为“主力能源”消耗速度也特别快，所以人类很快会面临化石能源枯竭的问题。据估计，地球上的煤炭还可以使用约 200 年，天然气还可以使用约 60 年，而石油仅可以使用约 40 年（图 3.4）。也就是说，最多 300 年后，人类将面临无化石能源使用的困境，这被称为人类的“能源危机”。

图 3.4　石油开采

为了解决这一问题，人类在不断开发新能源，试图找到能够替代化石能源的能源。太阳能（图 3.5）、风能（图 3.6）、水能、海洋能、生物能、地热能……各种新能源的开发都是为了推迟能源危机的到来。但是这些能源的能量密度低，且容易受天气或者地理条件的限制，所以只能作为辅助能源使用。

图 3.5　人类利用太阳能发电

图 3.6　人类利用风能发电

要想从根本上解决能源危机问题，必须找到一种能量密度大、不受天气或地理条件影响的能源。最终，人们发现了核能。核能是原子核分裂或组合过程中释放的能量，这要比原子之间分裂组合产生的能量大得多。同时，核能反应不受天气或地理条件的限制。所以核能一经问世，就被视为可以取代化石能源的未来主力能源。

核能分为两种：一种是核裂变能，也就是原子核分裂产生的能量；另一种是核聚变能，也就是原子核聚合产生的能量。它们率先在军事上被开发利用，分别制造了令人闻风丧胆的核武器——原子弹和氢弹（图 3.7）。

图 3.7　核武器产生的核爆炸

目前，人类已经将原子弹的能量进行和平化利用，建造了多座核裂变发电站（图 3.8）。从第 1 章的内容可以知道，利用核裂变技术的核电站一经问世就为人类带来了一次能源革命。核裂变产生的能量很大，并且清洁环保，可以有效地弥补化石能源的短板。

图 3.8　人类已经建造起许多核裂变发电站

然而核裂变能的原料也比较有限，无法从根本上彻底解决能源危机问题，所以人们把最后的希望寄托在核聚变能上。核聚变能也不负期望，科学家发现它不仅安全、环保，而且能量比核裂变还要大很多，最重要的是核聚变的原料几近于无限充足，从而有机会从根本上取代化石能源，为人类的未来提供源源不断的能量。因此，核聚变能也被视为人类梦寐以求的理想能源。

首先，核聚变能量密度非常大。将核聚变和核裂变对比，1 克核裂变燃料释放的能量相当于 1800 千克石油燃烧释放的能量，而

1克核聚变燃料释放的能量相当于8000千克石油燃烧释放的能量。也就是说，同样质量的原料，聚变产生的能量要比裂变大3倍还要多（图3.9）。

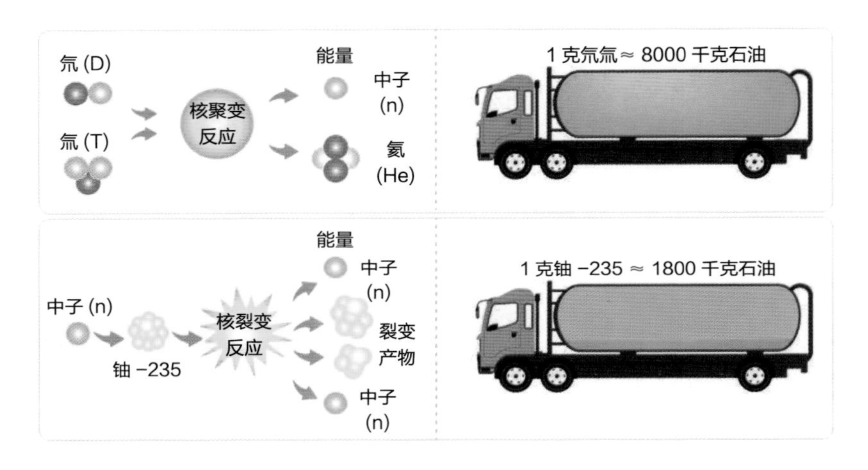

图3.9 核聚变比核裂变能量更大

其次，核聚变能更干净、更安全。核聚变不会产生污染环境的放射性物质，所以是干净的。同时，可控核聚变反应可以在稀薄的气体中持续地稳定进行，所以也是安全的。

最后，地球上蕴藏的核聚变原料远比核裂变原料丰富得多。这也是人类不遗余力地发展核聚变能最重要的原因。核裂变的原料主要是铀和钍，都是不可再生资源。地球上的核裂变原料最多也只够人类使用千年。而核聚变的原料目前主要用的是氢的同位素（氘、氚）。氘可以从海水中提取，氚可以通过中子和锂反应生成，而海水中也含有大量锂（图3.10）。

图 3.10　地球表面大部分被海水覆盖，海水中蕴藏丰富的核聚变原料

据测算，每升海水中含有 0.03 克氘，1 升海水中所含的氘，经过核聚变反应可提供相当于 300 升汽油燃烧后释放出的能量。地球上蕴藏的核聚变能足够人类使用几百亿年。而核裂变则因为原料有限，注定不能成为未来的主要能源。因此，从现在看来，未来人类可依赖的能源只剩下核聚变能了。

4 核聚变能只有一个弱点——难

核聚变能具有很多其他能源无可比拟的优点，但是核聚变能也有一个最大的弱点——难。

人类从1945年第一颗原子弹爆炸开始，用了不到10年的时间，就于1954年建起了世界上第一座核电站，实现了核裂变能的和平利用。有了这个经验，人类乐观地估计，核聚变能的和平利用指日可待。因此，自氢弹爆炸后，科学家们就迅速展开核聚变的可控化研究。

然而截至目前，科学家们已经对可控核聚变技术进行了六七十年的研究，仍然没有成功实现可控的核聚变反应。这不禁让人们发出“核聚变难，难于上青天”的感叹。

说可控核聚变“难于上青天”，其实一点也不夸张。随着科技的发展，人类已经可以顺利地登上月球。同时，人类已经能够利用人工智能探索其他更远的太空星体。然而，放眼全球，没有任何一个国家能够建造起一座核聚变电站，核聚变的难度可见一斑。

相对于核裂变反应，核聚变的难度不知道要高多少倍。如果我们把核裂变的难度比作折断一支铅笔的话，那么核聚变的难度就相当于将折断的铅笔还原成原来的样子。大家肯定想说：这怎么可能？没错，这就是研究核聚变的科学家们的研究所达到的难度。

要想使两个较轻原子核发生聚变，就必须使这两个核距离非常近，相互距离要小于3×10^{-16}米才行。只有在这个距离内，两个核内的核力才能相互作用而产生聚变反应。但是，在地球上天然存在的物质中，原子核都是带正电的。要使两个带正电的原子核互相靠近，就得克服它们之间的静电排斥力；而且这种斥力的大小与两个核之间距离的平方成反比，随着距离的减小斥力会不断增加。所以只有使两个核获得足够的动力，然后使它们快速相撞，才能克服静电斥力，从而发生聚变。

5 太阳里的核聚变反应

太阳核心区的半径是太阳半径的 1/4，在核心区外还存在着一个辐射区，将外面的物质与太阳核心区隔开。也就是说，太阳的所有燃料其实都在核心区内，正是靠着它们的聚变反应，太阳才能持续不断地释放出大量能量。从太阳核心区的聚变反应来看，主要发生的是质子－质子链的反应。这种反应和氢弹不同，它的原料质子其实是氢原子核，想要让氢原子核发生聚变反应，温度至少要超过十亿甚至百亿摄氏度。

但是太阳的核心区温度大约为 1500 摄氏度，还远远达不到爆炸的高温要求。那么太阳的核聚变反应是如何发生的呢？虽然太阳核心区的压强是标准大气压的 3000 亿倍左右，但这个压强只能增加质子的密度，并不会让质子发生聚变反应。加上质子所带的正电荷，会让它们在靠近的时候出现一股互相排斥的力量，这一股阻止原子核碰撞的阻力就叫库仑势垒（Coulomb Barrier）。质子动能需要在“攻克”库仑势垒后，才能成功发生碰撞，然后引发核聚变反应。科学家们经计算后发现，太阳核心处质子的平均动能只有约 1000 电子伏特，但质子间的排斥力却有约 100 万电子伏特。

这两组数据一经对比，我们会意识到想要克服库仑势垒，让质子发生核聚变反应是非常困难的。但现实是太阳成功克服了这股排斥的力量，让质子和质子发生碰撞，然后释放出了大量太阳能量，这是如何做到的呢？

科学家们曾经对这个问题也很困惑，直到发现量子隧穿，他们才找到太阳可以释放出能量的原因。量子隧穿是量子物理中的一个理论，它的意思是即使粒子本身的能量不足以让它们克服库仑势垒，但还是有一定的概率可以实现这个目标。当然，从理论上看，这个概率是非常低的。那为什么在概率极低的条件下，太阳的核心区还在不断发生核聚变反应呢？原因是太阳核心区存在的质子数量太过庞大了，要知道太阳系内有 73.46% 的氢元素，而其中的 99.86% 可都是属于太阳的。太阳拥有的质子基数实在太大，即使概率很低，也还是会有大量的质子可以成功穿越库仑势垒发生碰撞反应，从而引发核聚变。

所以，太阳没有像氢弹一样爆炸，就是因为太阳核心处的质子数量实在太多，但质子间却存在着排斥力，受到排斥力的影响，质子只能一点一点克服这股力量，直到发生碰撞引发核聚变。因此，太阳才不会一下子炸开，而是慢慢燃烧释放能量。

6 氢弹里的核聚变反应

氢弹主要利用氢的同位素（氘、氚）的核聚变反应所释放的能量来进行杀伤破坏，属于威力强大的大规模杀伤性武器。氘核与氚核是核聚变的最佳燃料，它们也都是氢原子核的重同位素。由于中子与质子比相对较高，它们的势垒也就较小。电中性的中子通过核力使得原子核中的核子紧密地结合在一起。氚核的中子与质子比（2 个中子：1 个质子）是稳定原子核中最高的，增加质子或减少中子都会使得克服势垒所需的能量变多。

一般条件下，氘核与氚核的混合态不会产生持续的核聚变反应。由于核子之间的距离小于 10 飞米（1 飞米 $=10^{-15}$ 米）才会有核力的作用，因此核子必须靠外部能量聚合在一起。就算在温度极高、密度极大的太阳中心，平均每个质子也要等待数十亿年才能参与一次聚变。要使聚变能够被实际应用，原子核利用率必须大幅提升：温度提升到 1 亿开尔文，或施加极大的压强。实现自持聚变反应并获得能量增益的关于密度和压强的必要条件就是劳森判据（Lawson Criterion）。这一判据因 20 世纪 50 年代氢弹爆炸成功而闻名，但在地球上实现劳森判据十分困难。

氢弹是利用原子弹爆炸的能量点燃氘、氚等轻核的自持聚变反应，瞬间释放巨大能量的核武器，又称聚变弹或热核弹。氢弹的杀伤破坏因素与原子弹相同，但威力比原子弹大得多。原子弹的威力只有几百到几万吨 TNT（Trinitroluene，三硝基甲苯）当量，氢弹则可达至几千万吨 TNT 当量。

7 人造太阳里的核聚变反应

核聚变之所以难，是因为它要求的反应条件非常高。太阳核心区的温度高达 1500 万摄氏度，同时具有非常大的密度，所以核聚变可以自然发生。氢弹则是靠其核心装载一颗原子弹来提供聚变点火所需的能量。而要实现可控的核聚变反应，首先不可能靠原子弹来提供能量，其次地球上不具备太阳的温度，所以只能人工创造一个具有类似太阳上环境的装置。

目前，主流的可控核聚变研究普遍采用加热的方式来提供初始点火能量。据计算，要想在地球上实现可控核聚变反应，聚变原料需要被加热到 1 亿摄氏度左右。这个温度比太阳的核心温度还要高将近 6 倍，因此人们将可控核聚变项目形象地称为“人造太阳”。

在核聚变 60 多年的研究过程中，科学家们不断提出新的想法、新的思路，同时不断建造不同种类、不同形式的核聚变实验装置。虽然到目前还没有真正实现可控核聚变反应，但是人类在可控核聚变的实现道路上始终前进着。我们相信，在科学家们的不懈努力下，在不远的未来，可控核聚变终将实现。

如果要进行核聚变反应，首先就必须提高物质的温度，使原子核和电子分开，处于这种状态的物质被称为“等离子体”（Plasma）。核力是一种非常强大的力量，而其力量所及的范围为 10^{-10} ～ 10^{-13} 米，当质子和中子互相接近至此范围时，核力才会发挥作用，因而发生核聚变反应。

但由于原子核带正电，彼此间会互相排斥，所以很难使其彼此互相接近。若要克服其相斥的力量，就必须适当地控制等离子体的温度、密度和封闭时间（维持时间），这三个条件缺一不可。由于提高物质的温度可以使原子核剧烈运动，因此当温度升高、密度变大、封闭的时间越长时，彼此接近的机会就会越大。

由于聚变燃料的温度非常高（上亿摄氏度），而地球上最耐热的材料只能承受几千摄氏度，所以无法用实际的材料去直接盛装这些燃料。科学家们是如何将这么滚烫的人造太阳放置在地球上的呢？请听下章分解。

CO_2
CO_2
CO_2

第4章

如何把太阳放到地球上?

1 人造太阳的温度比太阳还高！

核聚变的反应原料一般采用氢的同位素——氘和氚。核聚变反应其实就是氘原子核与氚原子核结合，生成更大的氦原子核的过程。要想发生核聚变反应，第一步应该将氘原子核和氚原子核拉近到核力可以发挥作用的距离，当两个原子核接近到核力可以发生作用时，巨大的核力可以将两个原子核结合在一起，变成一个质量更大的原子核。这就是核聚变反应的基本原理（图 4.1）。

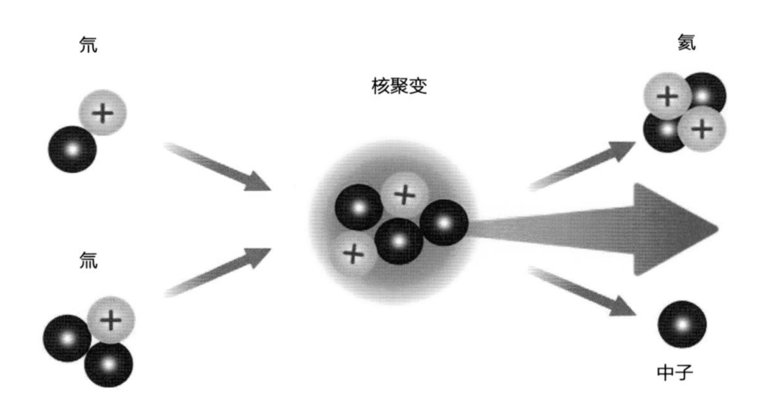

图 4.1　氘氚聚变反应原理图

核聚变最主要的难点就在于，很难使两个原子核接近到核力可以发挥作用的距离。核力可以发挥作用的距离在 0.8~1.5 飞米，当超过 1.5 飞米时，核力会急剧下降或几乎消失。带电粒子具有异性相吸、同性相斥的特点。而两个原子核都带正电，它们之间会产生电斥力，电斥力的大小和粒子之间的距离成反比，即距离越近，电斥力越大。

为了使两个原子核可以接近到核力发挥作用的距离，我们需要从外界给予它们足够的能量，从而使它们获得足够的动能来克服两者之间的电斥力。那么究竟需要提供多大的能量呢？

如果我们把核聚变燃料比作一堆木柴，那么要想让木柴燃烧，就要先点火（图 4.2）。但是聚变的“木柴”比较难以点燃，科学家们在点火之前首先需要研究在什么条件下才能把这堆“木柴”点着。

图 4.2　木柴需要点火才能燃烧

1957 年，英国科学家劳森（Lawson）经过计算，得出一个公式，这个公式被人们称为劳森判据。劳森判据给出了聚变点火的条件，即当聚变燃料的温度、密度和约束时间三者的乘积达到一个确定的值时，就可以发生核聚变反应。

温度和密度都是宏观世界的概念。在微观世界中，温度其实就是粒子的运动速度，温度越高，粒子运动速度越快。而密度则对应单位体积内粒子的数量，密度越大，单位体积内粒子数量越多。宏观世界的核聚变反应，在微观世界来说，就是让原子核碰撞结合在一起。

首先，我们可以让原子核的运动速度加快，速度快意味着原子核具有较大的动能，这样它们才能克服两者之间的电斥力。速度加快对应于宏观世界就是温度升高，也就是说，提高温度可以增加聚变反应的概率。

其次，我们还可以增加固定体积内的原子核数量，这样原子核就会变得更密集，它们相遇的概率也会增加。增加数量对应于宏观世界就是提高密度，也就是说，提高密度可以增加聚变反应的概率。

最后，在不提高速度、不增加数量的情况下，如果我们把原子核控制在一个固定的空间内足够长的时间，那么原子核总有机会碰到一起。这就意味着，延长控制原子核的时间（简称约束时间）也能够促成核聚变反应的发生。

所以我们很容易得出结论：不论是提高温度，还是提高密度，或是延长约束时间，都可以提高核聚变反应发生的概率。这就是劳森判据的真正原理所在。

掌握这个点火条件后，科学家们就有了努力的方向。不管是提高温度还是提高密度，只要使温度、密度、约束时间三者的乘积达到劳森计算出来的数值，就能成功实现聚变点火。

以提高温度为方向的“磁约束”核聚变所需的温度非常高（1 亿摄氏度左右），这个温度约为太阳核心温度的 7 倍（太阳的核心温度是 1500 万摄氏度）。那我们用什么材料去盛装这个比太阳温度还要高的反应物呢？

2 寻找最耐热的材料

在元素周期表的所有金属元素中，钨元素的单质是熔点最高的单质，其熔点达到了 3422 摄氏度（沸点为 5930 摄氏度）。钨的熔点极高这一点与其键能极高的金属键有关。

钨是第 74 号元素，位于元素周期表中的第六周期第 VIB 族。对于钨的同族元素，它们拥有金属元素中最多的价电子数——多达 6 个，这意味着每个原子可以形成 6 个金属键，所以这一族元素的键能极高，导致其熔点也非常高。再综合其他成键参数，钨的成键能力最强，使得钨成为熔点最高的金属。

而地球上最耐热的合金材料是碳化钽铪合金。碳化钽铪合金实际是指五碳化四钽铪化合物，是目前已知化合物中熔点最高的物质。它可以被认为是由碳化钽（熔点为 3983 摄氏度）和碳化铪（熔点为 3928 摄氏度）这两种二元化合物组成的。碳化钽铪合金主要用作火箭、喷气发动机的耐热高强材料以及控制和调节装备的零件等。

然而，这些最耐热的材料和人造太阳的核心温度相比，都变得微不足道。即使它们这么耐热，碰到人造太阳的温度也会顷刻灰飞烟灭。于是，科学家们另辟蹊径，用磁场去当聚变燃料的约束容器（图4.3），然后把这种“磁容器”悬浮在一个真空的腔体中，用真空将高温的燃料和反应容器隔绝开，以达到在地球上承载一个比太阳温度还高的燃料的目的。因为聚变燃料的温度很高，所以这种方式也被称为“热核聚变”。

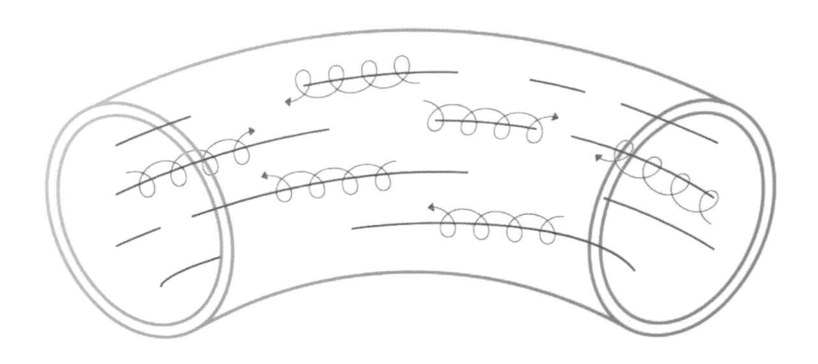

图 4.3 磁约束以磁场约束聚变燃料

3 物质的第四种状态

磁场之所以能够约束聚变燃料，主要是因为聚变燃料在高温下处于一种特殊的物质状态——等离子体态。对于物质状态，人们所熟知的主要有三种：固态、液态、气态（图 4.4）。而等离子体态不属于这三种中的任何一种，它有点类似于气体，且内部带电，因此它被科学家称为“物质第四态”。

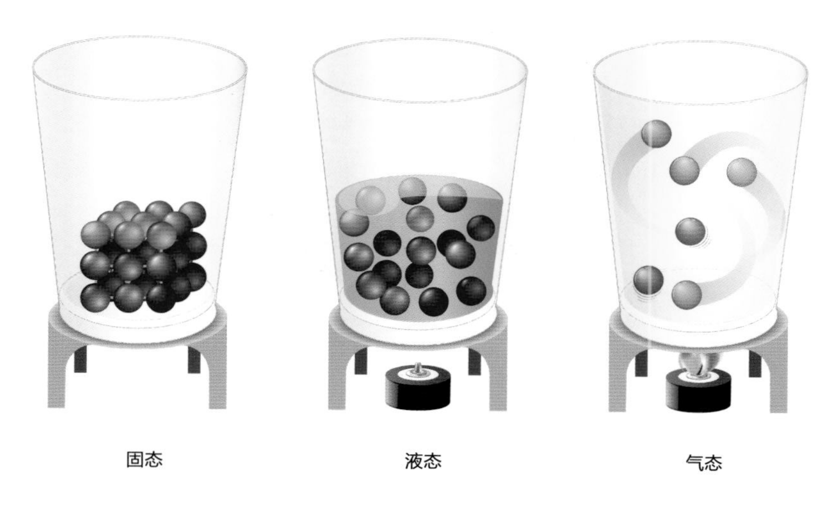

图 4.4　物质常见的三种状态

要理解等离子体是什么，得进入微观世界去看一看。

我们知道，原子是由原子核和电子组成的，原子核带正电，电子带负电。因为“异性相吸”的原理，电荷吸引力像一根无形的风筝线“拴住”电子，让电子始终在原子核的周围转，无法“逃走”。而当温度升高时，电子的运动速度就加快起来。当温度达到一定值后，电子就能挣脱“拴住”它的那根无形的线，变成一个自由飞翔的风筝。于是，就形成了一边是自由运动的电子，一边是自由运动的离子，两者互不干涉、和平共处的状态。同时，因为它们原来是从电中性的原子中分离出来的，所以带的电荷量是相等的。这种离子数相等的物质状态即为等离子体（图 4.5）。

图 4.5　等离子体是一种带电的气体

简单来说，等离子体就是一种带电的气体。而带电的物质会受电磁场的控制。一般来说，所有的物质在 1 万摄氏度以上都会变成等离子体。而核聚变的温度一般在 1 亿摄氏度左右，反应物自然就处于等离子体状态，所以这就是磁场可以约束核聚变燃料的原因所在。

4 把人造太阳装进“笼子”里

聚变燃料的温度非常高（上亿摄氏度），而地球上最耐热的材料只能承受几千摄氏度，所以无法用实际的材料去直接盛装这些燃料。现在有了磁场这位好帮手，就可以去盛装这些滚烫的聚变燃料了。

科学家们用非常强的磁场做成“笼子”，然后将高温的核聚变燃料装进“磁笼子”里面，最后用真空将“磁笼子”和实际材料隔开，从而达到了在地球上盛装比太阳温度还要高的人造太阳的目的。这就是磁约束核聚变的核心原理。

核聚变燃料处于极高的温度中时，就会变成完全电离的等离子体，如果这时从外界施加一个电磁场，那么它的运动将主要受到电磁力（特别是磁力）的影响。电磁力类似于万有引力，属于一种非接触力。从微观角度来说，带电粒子在磁场中运动时，会受到洛伦兹力的作用。洛伦兹力使带电粒子在垂直于磁力线的方向上做回旋运动。如果我们采用极强的磁场，等离子体回旋半径将大大减小，其运动轨道会被压缩并被“拴”在磁力线上（图 4.6）。

但是磁场毕竟是一种无形的东西，它有着各种各样的不稳定性，不能像有形的物质那样容易被控制，这对于我们长时间盛装高温聚变燃料来说非常不利。为了解决这一问题，科学家们想尽办法，把磁场的形状“捏扁”再“揉圆”，不断寻找最适合、最稳定的磁场位形。

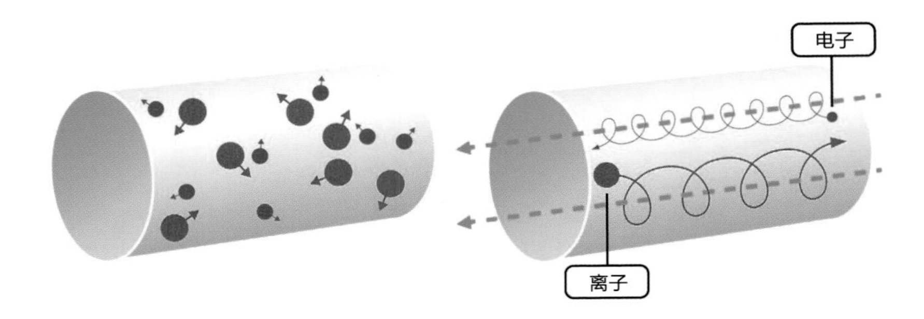

图 4.6　磁场约束等离子体示意图

截至目前，科学家已经设计了多种磁场位形，也造出了各种奇形怪状的磁约束核聚变装置。有的形状像糖果，有的形状像麻花，还有的形状像甜甜圈。总之，形式各异，也各有优缺点。

在核聚变能的开发进程中，磁约束核聚变逐渐成为受控核聚变研究的主流。在下一章中，我们将简要介绍几种典型的磁约束核聚变装置。

第5章

磁约束核聚变

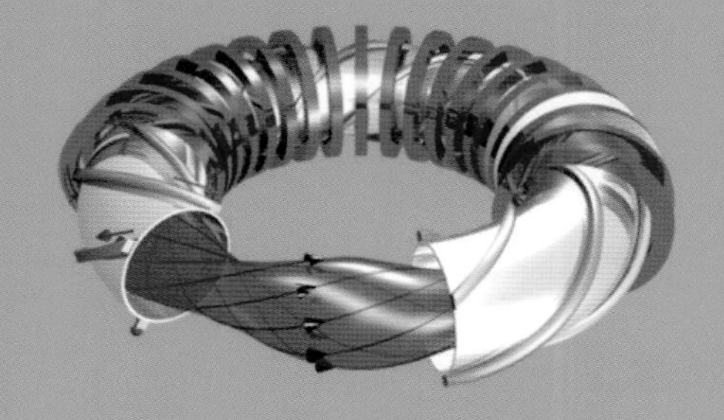

实现核聚变反应的条件十分苛刻，首先需要将氘、氚聚变原料加热到上亿摄氏度的超高温度，这一极限温度使得任何有形容器都无法承受。但核聚变反应又必须要求在较长时间和一定空间内维持聚变原料的高温及密度，以此实现持续的核聚变反应。比如，太阳或其他恒星依靠强大的万有引力将高温等离子体约束在其核心，以维持核聚变反应。由于地球的万有引力相比太阳要小得多，无法实现引力约束，而在上亿摄氏度超高温下聚变原料会完全电离为等离子体状态，磁约束核聚变正是通过磁场对原子核和电子产生洛伦兹力，将高温等离子体约束在一定空间内，使其持续发生可控核聚变反应，因此磁约束核聚变也是目前各国科学家研究和开发聚变能源的重点方向。

1 磁约束基本概念

上章介绍过，上亿摄氏度超高温下氘氚核外电子获得能量后将脱离原子核束缚，这一过程被称为电离，而这团由带正电的原子核和带负电的自由电子组成整体呈电中性的聚变物质则被称为等离子体，其运动主要受电磁力的支配，并表现出显著的集体行为。

在均匀的磁场中，带电粒子一方面可以在平行于磁场的方向上沿着磁感线自由运动，另一方面由于受到洛伦兹力的作用，在垂直于磁场的方向上绕着磁感线做周而复始的圆周运动，因此带电粒子在磁场中的合运动是螺旋式的（图 5.1）。

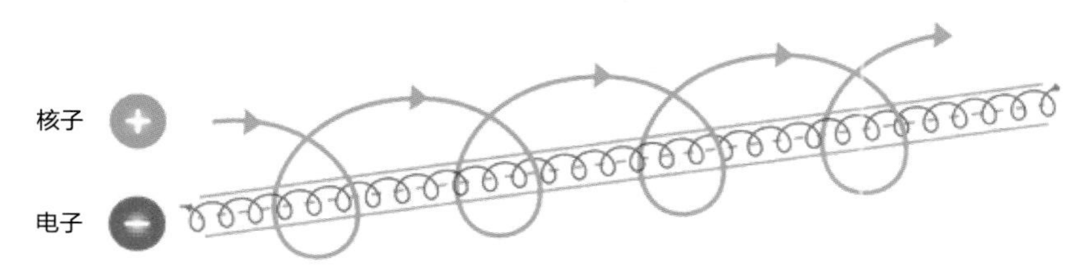

图 5.1　带电粒子在磁场中的运动示意图

延伸阅读

洛伦兹力，是指磁场对运动电荷产生的作用力，由荷兰物理学家洛伦兹（Hendrik Antoon Lorentz）于 1895 年建立经典电子论时作为基本假定提出，并因此而得名。洛伦兹力总是与磁场方向和带电粒子运动方向垂直，因此只改变带电粒子的运动方向而不做功，即使带电粒子在垂直于磁场的方向上做回旋运动。

带电粒子绕磁场做螺旋运动的半径被称为拉莫尔回旋半径，粒子质量越大、速度越快则回旋半径越大，磁场越强、粒子带电荷数越多则回旋半径越小。比如，对于氘等离子体，在离子温度与电子温度相等时，离子的回旋半径是电子的 60 倍左右。因此，磁约束核聚变装置需要较强的磁场，使得被约束的离子的拉莫尔回旋半径远小于装置的尺寸。

作为离子和电子的混合物，高温等离子体有一个从内向外的热压力，其压强是离子和电子的压强之和。因此，在磁约束核聚变装置中，等离子体向外的热膨胀力必须由磁场带来的向内的压力所抵消，达到平衡。另外，简单的磁场无法有效约束等离子体，故需要设计合理的磁场位形对聚变等离子体进行有效约束。

2 线性磁约束装置

最简单的磁约束核聚变设计是通过磁场将高温等离子体约束在一个圆柱形的线性结构中，科学家先后提出了多种线性磁约束核聚变装置设计，并对其进行了深入研究。

（1）线性箍缩

在两根平行且相互靠近的直导体中通以同向电流（图 5.2），由于电流产生磁场，两根导体会彼此吸引，且电流越大吸引作用越强，这种现象被称为“箍缩效应”。

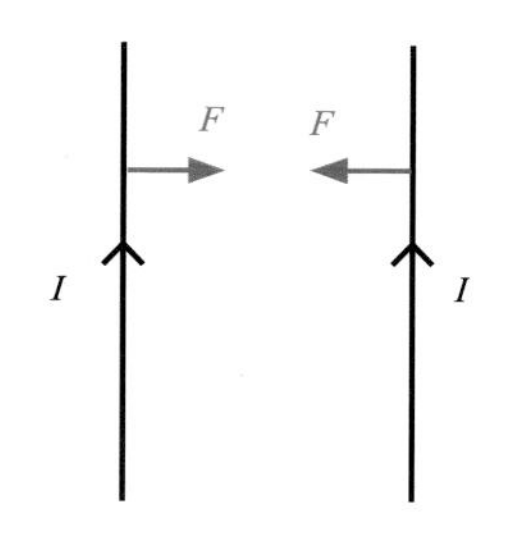

图 5.2　同向电流相互吸引

如果在一个圆柱形装置中，等离子体电流在两端的电极间的中心轴流动，可以将等离子体电流想象成无数条同向电流丝，则它们彼此间也会相互吸引。换言之，等离子体电流产生的极向磁场会约束等离子体，使其向中心聚拢而不与圆柱形装置的器壁接触，随着等离子体电流加大，会产生巨大的磁场压力，从而获得高温、高密度的等离子体，这就是线性箍缩的原理（图 5.3）。

图 5.3　电极激发的等离子体在线性箍缩作用下形成柱体

（2）磁镜

磁镜是一种典型的线性磁约束装置。磁镜是一种中间弱、两端强的磁场位形，看起来就像一颗糖果（图 5.4）。磁镜是通过圆柱形装置外侧的螺线管线圈通电后产生一个沿轴向的稳定磁场，并在两端区域通过增大线圈电流使得该区域磁场较强，从而将等离子体约束在该类装置的中心区域。这是因为当绕着磁力线旋进的带电离子由弱场区往两端强场区运动时，粒子将受到反向作用力。这个力迫使粒子速度减慢直至停止下来反弹回去，反弹回去的粒子通过中间弱场区向另一端旋进运动时又会受到反作用力反弹回来，我们可以利用这种磁场位形来约束等离子体。这种来回反弹的运动就像光在两面镜子间多次反射传播一样，所以这种装置被称为“磁镜”。

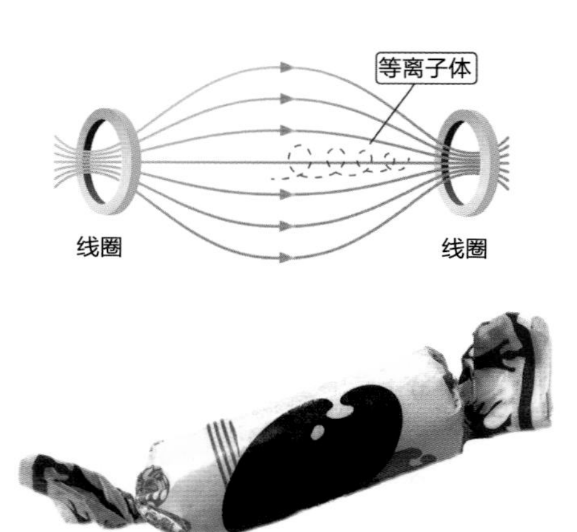

图 5.4　磁镜的磁场形状像一颗巨大的糖果

磁镜装置由于其位形和工程简单，在磁约束核聚变早期研究中被普遍采用。磁镜约束等离子体的概念于 20 世纪 50 年代中期由苏联莫斯科库尔恰托夫研究所的格什 · 布德科尔和美国劳伦斯利弗莫尔国家实验室的理查德 · 波斯特分别独立提出。早在 1951 年，波斯特就开始发展小型装置来验证磁镜位形，利用玻璃管作为真空室，外部是螺线管产生的较弱磁场，真空室的两端绕有产生较强磁场的磁镜线圈。

根据前文关于洛伦兹力的介绍，只有带电粒子沿垂直于磁场方向的速度分量会产生磁约束力，如果该速度分量较小甚至运动方向平行于磁场方向，那么这些带电粒子很容易逃离磁镜的约束。同时，由于等离子体中粒子的碰撞，即使是被约束的粒子也会通过碰撞改变运动方向，从而不断地逃离磁镜的约束，因此该类线性磁约束装置难以有效约束等离子体并满足未来聚变装置的点火条件。

③ 环形磁约束装置

为了防止等离子体沿磁力线逃逸，一种十分简单的方法就是采用环形磁约束位形，通过环形磁场将高温等离子体约束在环形装置内发生核聚变反应，能够有效避免等离子体逃离约束。

（1）环形箍缩

20 世纪 40 年代，英国科学家发明了环形箍缩装置，这是最早的环形磁约束核聚变装置。如图 5.5 所示，环形箍缩装置的外形就像一个巨大的甜甜圈。通过箍缩效应，环形箍缩装置中强大环向等离子体电流产生的极向磁场将等离子体约束在环形装置中，但该类装置具有较大的不稳定性，后续实验研究中通过在环形外侧增加环向场线圈来产生较弱的环向场，以改善等离子体的约束性能。

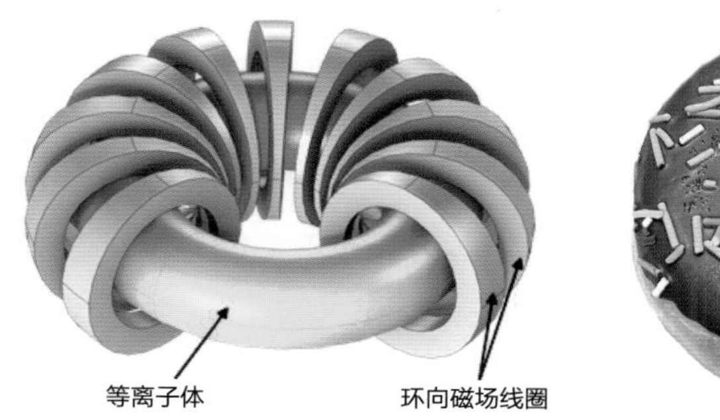

图 5.5　环形箍缩装置的磁场就像一个巨大的甜甜圈

1957 年英国环形箍缩装置 ZETA 运行，成为当时世界上规模最大的实验研究设备（图 5.6）。1958 年 1 月，英国环形箍缩装置 ZETA 宣称产生核聚变反应，测到聚变产物中子。对此，英国报纸头条报道称“British H-Men Make a Sun（英国人造出了太阳）”；“The Mighty Zeta: Limitless Fuel for Millions of Years（强大的 ZETA：带来数百万年的无限燃料）”。但是，实际上其等离子体参数非常低，核聚变反应率也非常低。

图 5.6　英国的环形箍缩装置 ZETA

研究还发现，如果环向磁场在等离子体边界处的方向与等离子体芯部处的方向相反，则可以进一步改善等离子体的约束性能，这类磁约束位形被称为“反场箍缩”。如图 5.7 所示，中国科学技术大学于 2015 年研制了国际先进反场箍缩磁约束聚变实验装置（Keda Torus eXperiment，KTX），这是开展先进磁约束变位形探索研究的重要平台，对于我国磁约束聚变领域高端人才培养、发展磁约束聚变能科学技术研究事业具有重要意义。

图 5.7　反场箍缩磁约束聚变实验装置（KTX）

（2）托卡马克

20 世纪 50 年代，苏联库尔恰托夫研究所的科学家提出了托卡马克环形磁约束核位形，托卡马克（Tokamak）一词由俄语中“环形（Toroidal）、真空室（Kamera）、磁（Magnit）、线圈（Kotushka）”四个词的前几个字母组成。托卡马克装置的中央是一个环形的真空室，外面缠绕着各种线圈，这些线圈与环向的等离子体电流共同产生约束等离子体的螺旋磁场（图 5.8）。托卡马克中的环向磁场远大于极向磁场，对等离子体的约束能力也强于环形箍缩。

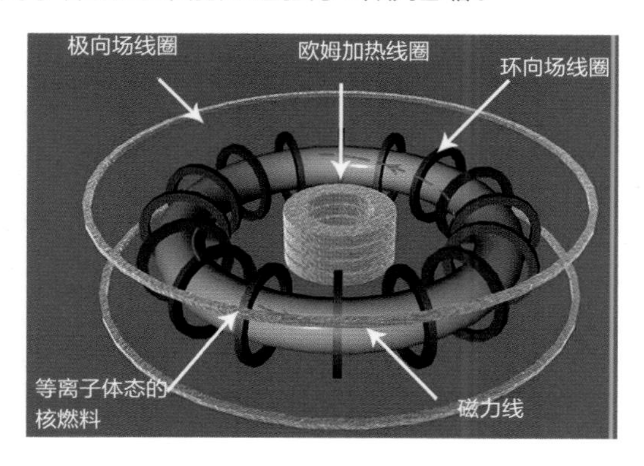

图 5.8　托卡马克装置组成

托卡马克的内部磁场就像是一个水平放置的超大甜甜圈。为了产生这种类似于甜甜圈形状的磁场，托卡马克内部主要安装了三类线圈：环向场线圈、中心螺管线圈、极向场线圈（图 5.9）。其中，环向场线圈通电后产生一个沿大环方向的磁场，中心螺管线圈中电流的变化会在环向感应出环向电动势，进而将等离子体击穿并产生环向等离子体电流，等离子体电流产生一个沿着小截面方向的极向磁场，该极向磁场与环向磁场共同形成螺旋形的环向磁场分布，进而对等离子体进行约束。另外，极向场线圈产生的磁场可以控制闭合磁场的形状和位置，提高约束等离子体的稳定性。

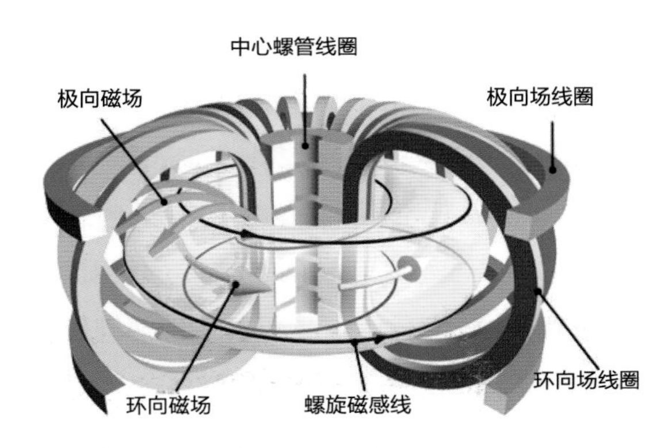

图 5.9　托卡马克装置磁体系统

（3）球形托卡马克

与环形箍缩和托卡马克酷似甜甜圈的外形不同，球形托卡马克的外观看起来更像一个球形（图 5.10）。这是因为球形托卡马克的大环半径与截面半径比值更小，其也被称为低环径比托卡马克。球形托卡马克的概念于 1986 年被提出，其磁场结构与常规托卡马克相同，即环向线圈产生环向磁场，等离子体电流产生极向磁场，等离子体电流的产生和平衡的维持也与常规托卡马克类似。

图 5.10　球形托卡马克的外观更像一个球形

相比于传统托卡马克，球形托卡马克可以支持更大的等离子体电流，整体不稳定性也得到了很大程度的改善，但是也会出现不稳定性和新的问题。球形托卡马克能否真正成为有竞争力的装置，还需要进一步研究。

（4）仿星器

20 世纪 50 年代，美国普林斯顿大学的科学家提出了另一种环向磁约束等离子体装置——仿星器，其思路是在装置中产生像恒星那样的高温等离子体。仿星器的原理是通过优化外围螺线管磁场线圈来实现螺旋状的磁场位形，从而将等离子体约束在环形真空腔内。与托卡马克相比，仿星器的极向磁场由螺旋环绕的磁体产生，并不需要等离子体中产生任何电流，因此该类装置约束的等离子体具有较好的稳定性。

最初的仿星器是直接把环向磁场线圈扭曲成“8”字形结构，使其在两个弯曲段向上和向下的粒子漂移抵消，其外观形似一个麻花（图 5.11）。但是由于这种方案对粒子的约束较差，所以很快就被放弃了。

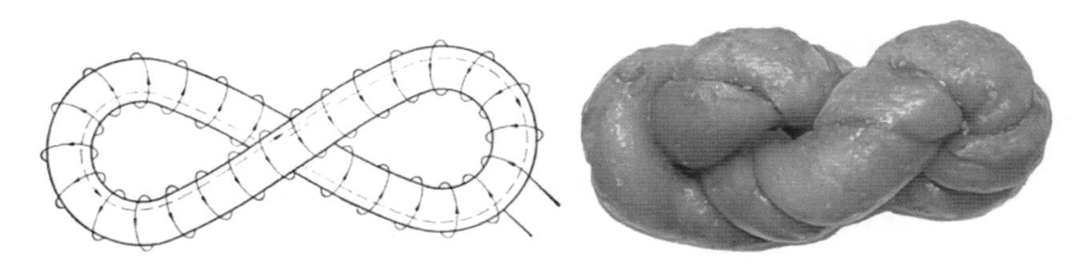

图 5.11 “8”字形仿星器位形像一个麻花

另一种仿星器位形由环向场线圈和成对的螺旋线圈组成，且相邻的螺旋线圈电流相反，被称为标准仿星器位形（图 5.12）。由于这种仿星器位形在线圈布置上互相套叠，安装拆卸困难，不太适用于反应堆，因此后来又在此基础上迅速发展了其他仿星器位形。

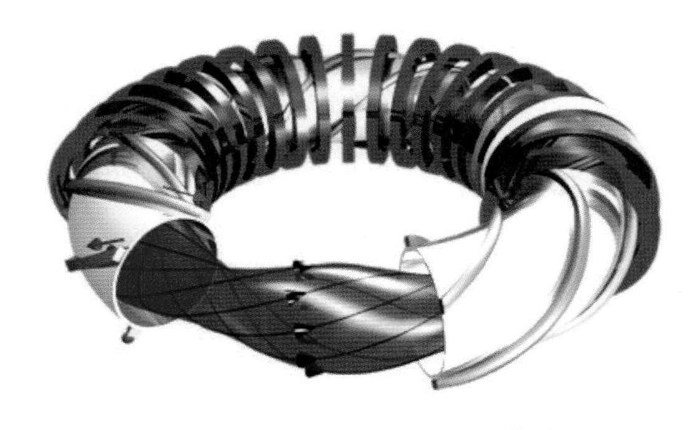

图 5.12 标准仿星器位形示意图

其中一种方法是用一组相同电流方向的螺旋线圈代替原来的环向场线圈和螺旋绕组，其数目是原来螺旋线圈的一半，而它们产生的垂直方向磁场用另一组水平方向的垂直场线圈进行补偿抵消（图 5.13）。目前日本的大型仿星器装置 LHD 用的就是这种位形。

为了使仿星器的工程简化，还有一种将环向场和螺旋线圈结合起来的设计。这种位形的螺旋绕组由电流方向相反的双饼线圈组成，通

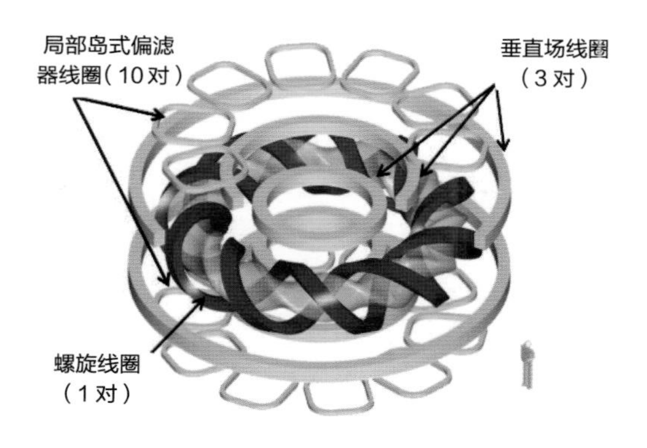

图 5.13　LHD 仿星器位形示意图

过调节环向线圈的个数使每一个线圈中的电流和螺旋线圈电流相同，经过精确的线圈形状和电流设计可使之产生环向磁场和螺旋磁场两种功能，被称为模块化线圈位形（图 5.14）。模块化线圈可达到与经典仿星器相同的效果，虽然这种模块化的线圈形状更复杂，但安装相对简单，德国大型仿星器装置 W7-X 使用的就是这种位形。

从实现磁约束聚变的原理来看，仿星器与目前最常见的托卡马克是非常类似的，因此也经常会相互比较，二者各有优缺点。由于托卡马克装置的等离子体电流通常很高，会造成强烈的不稳定性，从而容易导致等离子体破裂，较难实现稳态运行，且大等离子体电流将消耗

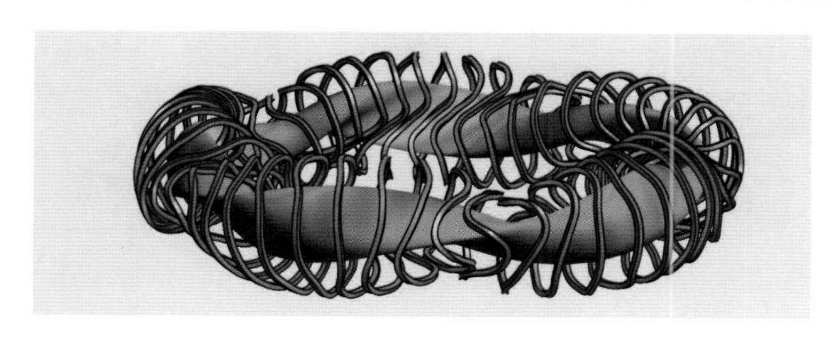

图 5.14　模块化线圈位形示意图

较高的能量。而仿星器由于直接通过外部线圈产生环形螺旋磁场，不需要产生等离子体电流，这使得装置不会受到等离子体电流导致的不稳定性的影响，容易实现稳态运行，且消耗较少的能量。但是，由于托卡马克在环向上是对称的，在工程上建造起来相对容易，而且环向对称的磁场有较好的等离子体约束性能，而仿星器由于其三维不对称性，建造起来更复杂，其从磁体的设计和加工要求达到非常高的精确度，否则可能影响整体性能。在实验上，仿星器达到的等离子体总体参数并不逊色于同等规模的托卡马克，甚至在一些方面表现得更好，但是在能量约束时间等方面仍然需要进一步提升（图 5.15）。

通过以上介绍可以得知，不同磁场位形的等离子体约束性能不同。综合来看，托卡马克装置是目前具有希望的磁约束核聚变装置之一。后面的章节将详细介绍更多关于托卡马克装置运行的基本原理、发展历程，以及所面临的挑战。

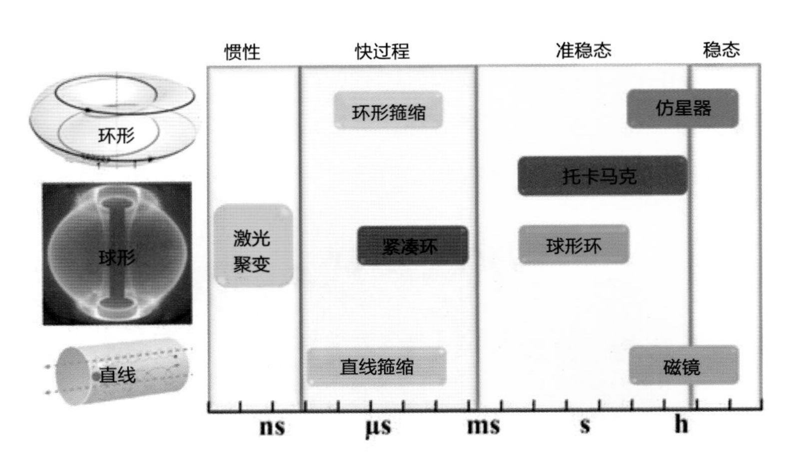

图 5.15　磁约束核聚变装置分类

（横轴为约束时间，纵轴为位形。激光聚变作为参考值）

第6章

点燃人造太阳分几步?

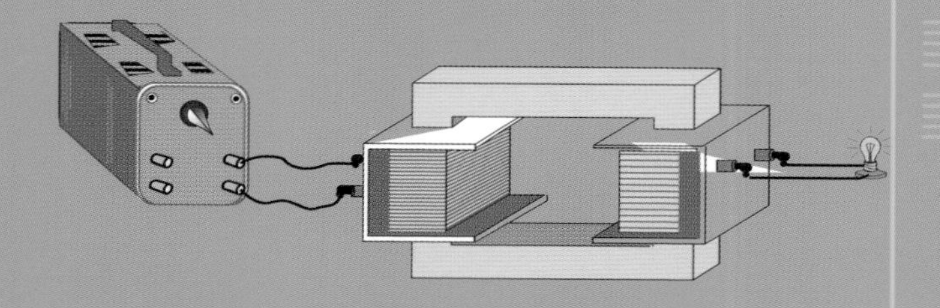

上章介绍到托卡马克是一种轴对称环形磁场位形装置，其利用磁场产生的洛伦兹力使等离子体中的带电粒子绕着磁感线做回旋运动，从而约束高温等离子体。因其稳定的等离子体约束性能以及相对适中的工程建造难度，托卡马克成为国际上第一代聚变反应堆的首选方案。本章以全超导托卡马克核聚变实验装置（Experimental Advanced Superconducting Tokamak，EAST）为例，介绍超导托卡马克的主要组成及工作流程。

1 超导托卡马克

所有托卡马克的终极目标都是将氘氚聚变原料加热到点火点或更高的温度，并加以控制使其持续尽可能长的反应时间，以追求连续的聚变能量输出。即使采用导电性良好的铜作为导体绕制线圈，由于电流巨大线圈不可避免地存在发热问题，依然会限制磁约束核聚变的长时间稳态运行。超导体具有零电阻效应，且承载电流密度更高有利于建造更加紧凑、更高场强的聚变装置，能够有效改善长脉冲稳态运行。当前典型的全超导磁体托卡马克装置包括中国的 EAST（图 6.1）、韩国的 KSTAR、日本的 JT-60SA、国际热核聚变实验堆 ITER 等，它们在几何尺寸上不同，但主机的主要部件的功能和空间分布具有相似性。不过，与常规导体托卡马克相比，当前的超导磁体都运行在液氦温区的低温环境，需要特殊的隔热措施。

① 20 世纪建成的常规托卡马克装置

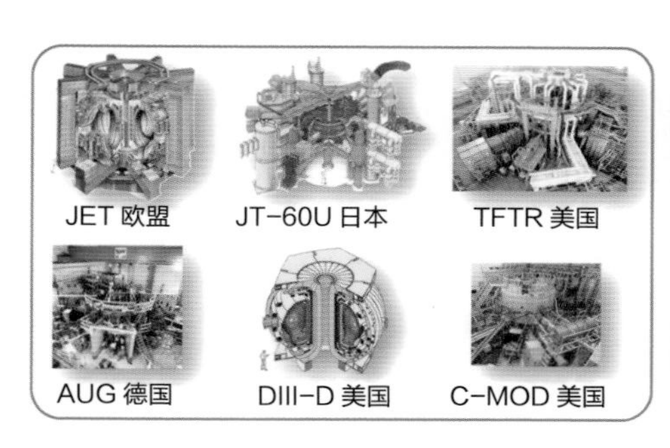

② 21 世纪建成或正在建设的超导托卡马克装置

图 6.1　21 世纪是全超导托卡马克时代

EAST 由 Experimental（实验）、Advanced（先进）、Superconducting（超导）、Tokamak（托卡马克）四个单词的首字母拼写而成，具有“全超导托卡马克实验装置”之意（图 6.2），是我国自行研制的世界首个全超导、非圆截面、先进偏滤器托卡马克核聚变实验装置，于 2006 年 9 月投入运行。

图 6.2　EAST 全超导托卡马克

EAST 实验系统由装置主机和辅助系统组成，装置主机包括内外真空室、超导磁体、内外冷屏、支撑部件等；辅助系统包括真空系统、低温系统、电源系统、辅助加热系统、等离子体诊断系统、总控系统、水冷系统等。

我们在了解 EAST 托卡马克实验系统的基本组成的基础上，按照实验准备阶段各个系统投入的先后顺序及等离子体放电实验的工作过程，来介绍超导托卡马克的工作流程。

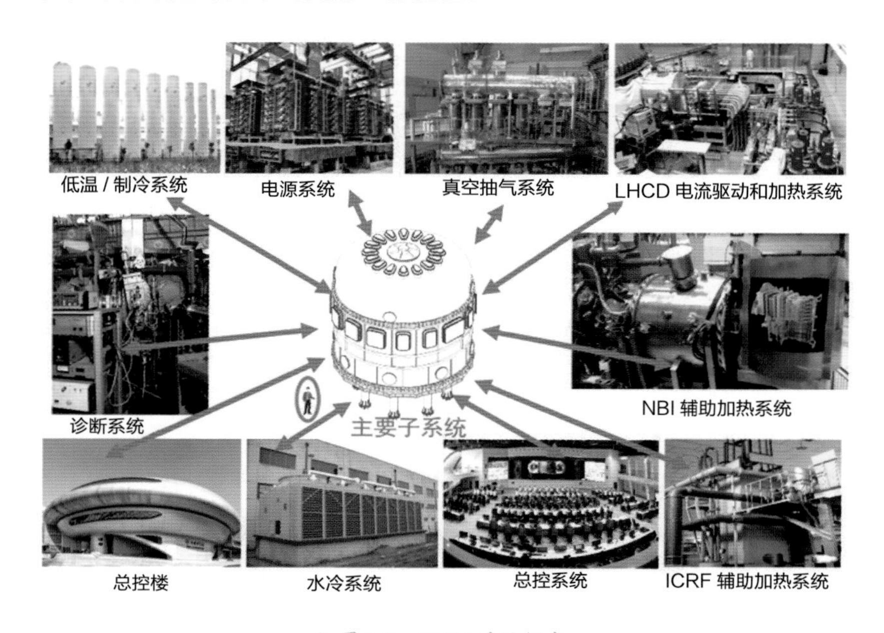

图 6.3　EAST 系统组成

② 获得超高真空
——如何把气体抽干净且不漏气?

托卡马克在俄文中有“环形真空磁容器”的意思，因此环形真空室是其核心部件，它包裹着高温等离子体并通过真空有效隔断热量的传递。真空室位于环向场线圈内部，用以提供等离子体直接运行的场所，是装置的关键部件之一。如图 6.4 所示，真实的真空室为了满足实验要求，需要在不同的位置开设窗口，以便为外围的抽气系统、等离子体加料与加热系统、等离子体诊断监测系统等提供接口。从功能上看，环形真空室对人造太阳的运行有着非常重要的作用。

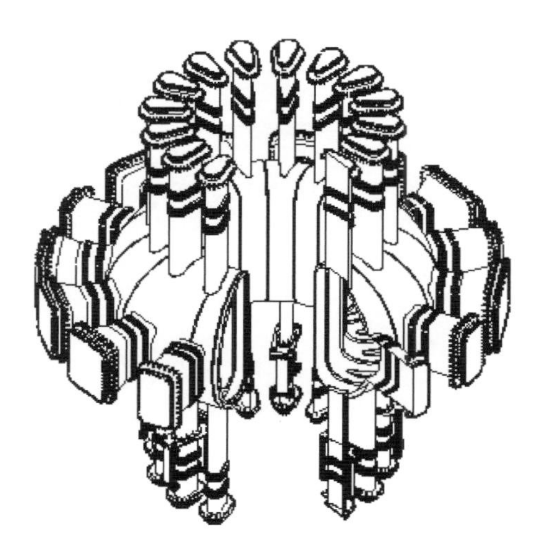

图 6.4　EAST 超高真空室

首先，环形真空室内部维持着超高真空，其气压值在 10^{-5}~10^{-6} 帕斯卡（约为大气压的百亿分之一），用于容纳超高温等离子体，且环形真空室通过各种窗口为等离子体和外界提供了联系的通道。

同时，真空室壳体均由金属材料构成（图 6.5），当等离子体电流的位置受到扰动时，真空室壳体感应出涡流，进而产生的磁场可以抑制等离子体位置的扰动。一旦破裂或受到不稳定性影响导致等离子体熄灭时，真空室器壁（即第一壁）可以承受巨大的电动力的冲击，作为释放等离子体储能的回路。

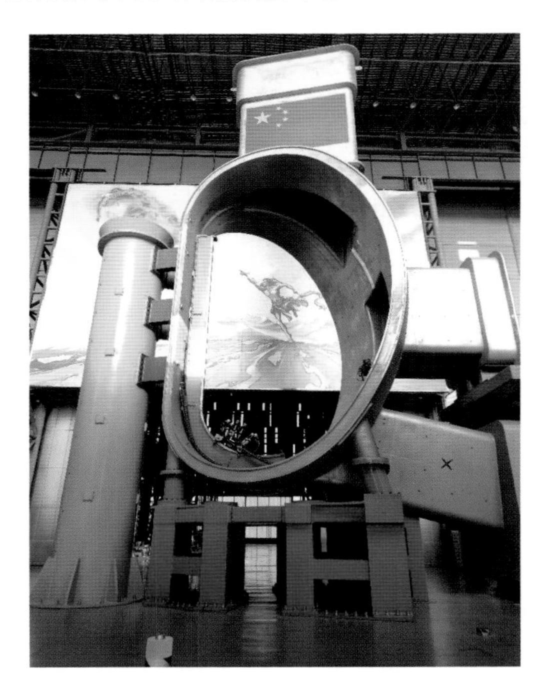

图 6.5　聚变堆环形真空室的 45° 扇面实物照

此外，对于未来聚变堆来说，真空室还肩负着取能作用，通过包层吸收高能中子，将其能量转化为热量并传输给外部，以移除核热。

一个好的等离子体放电，要求真空环境的本底$\leqslant 1.3\times10^{-6}$帕斯卡，为了满足如此苛刻的要求，必须预先对真空室进行抽空，并通过抽气和送入原料来维持等离子体的放电要求（图 6.6）。

图 6.6　EAST 真空抽气系统是获得超高真空的关键

3 冷到超低温度——进入超级导体状态

温度高达上亿摄氏度的聚变反应物就像脱缰的野马，若要将其成功约束，托卡马克内部需要产生数万倍于地磁场的超强磁场。而如此高磁场的获得，得益于托卡马克内部形态各异的线圈，其承载的电流通常是家用插线盒最大载流的数千倍。如果采用铜这类常规导体绕制线圈，巨大电流会通过导体电阻产生大量的焦耳热，如不及时带走热量则会限制磁约束聚变的稳态运行。此时，超导体的零电阻特性就彰显出它的威力（图 6.7），如果采用电阻为零的超导体绕制线圈，则可以避免因线圈发热而中断磁约束聚变稳定运行的情况。因此，超导磁体的发展对于磁约束是莫大的福音，超导托卡马克发展至今，磁约束聚变不断刷新其连续运行的时间纪录。

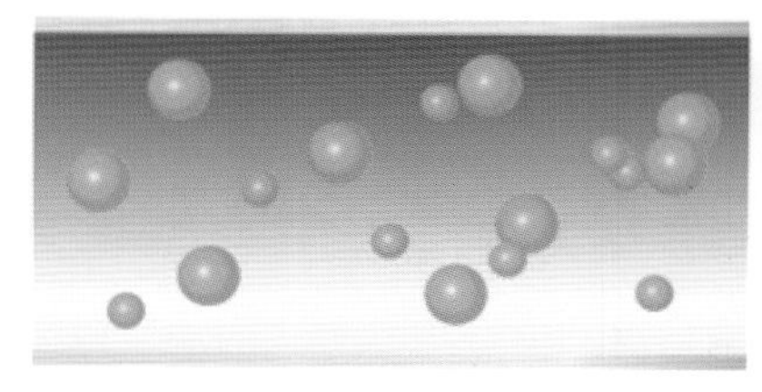
常规导体电子运动模型

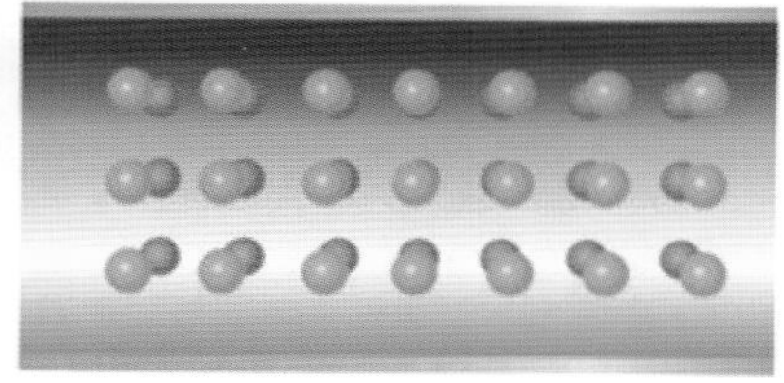
超导体电子运动模型

图 6.7　超导体具有零电阻特性

超导磁体系统是超导托卡马克的核心组件，其造价占据系统总造价的 1/3，磁体及其支撑系统总重更是接近装置总重的一半。

2006 年是被磁约束聚变界载入史册的一年，人类首座全超导托卡马克实验装置在中国诞生，就是坐落于中国科学院等离子体物理研究所的东方超环（EAST）。历时 8 年的设计研发，EAST 于 2006 年 3 月建成，经过调试后于同年 9 月成功开展首次等离子体放电实验。这是一座全超导中型托卡马克装置，其内部线圈全部采用超导材料绕制而成（图 6.8）。从落成至今，EAST 不断刷新着持续放电时长纪录，目前连续运行 1056 秒的世界纪录就是由其保持的。

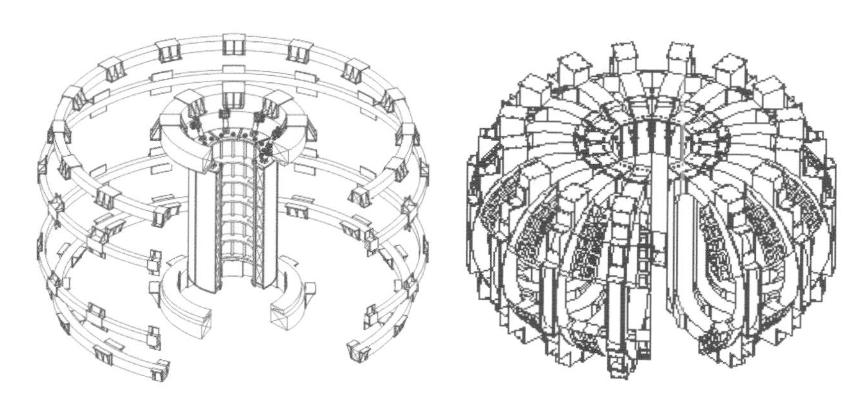

图 6.8　EAST 超导磁体系统：极向场线圈与中心螺管线圈（左），环向场线圈（右）

所谓超导材料，就是当其温度低于某个特定值时超导材料将进入超导态，这个温度称为超导转变温度（Critical Temperature），亦称临界温度，不同的超导材料具有不同的临界温度。这里所说的临界温度通常远低于室温，特别是托卡马克磁体系统采用的实用化超导材料，需要冷却到零下 269 摄氏度（4.2 开尔文）超低温状态（图 6.9）。这就依赖于强大的氦低温系统，作为全超导托卡马克重要的系统之一，低温系统的主要作用是冷却超导磁体，冷却对象包括超导线圈、支撑结构和高温超导电流引线。

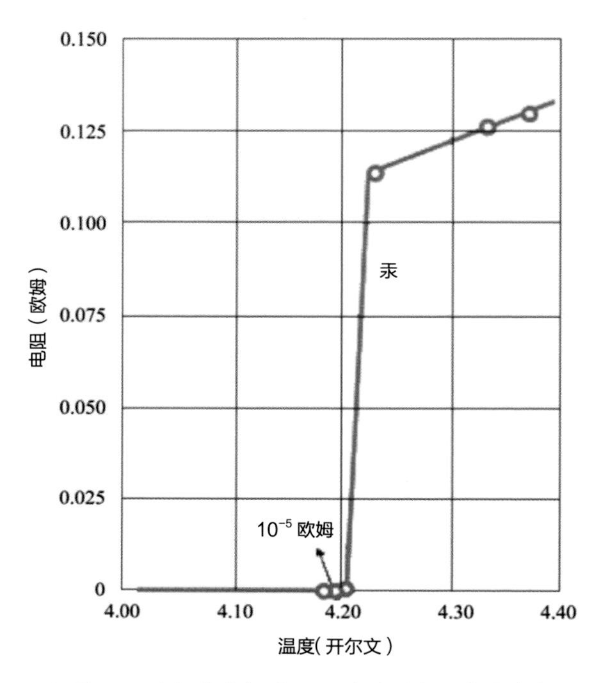

图 6.9 水银被冷却到 4.2 开尔文时电阻突然消失

超导磁体降温至零下 269 摄氏度后该如何保温呢？这就需要冷屏和外真空杜瓦两大关键部件（图 6.10）发挥作用。超导托卡马克从内到外有巨大的温度差异，其中真空室内部是高温等离子体，真空室外是需要在液氦温区运行的超导磁体，而装置外面则是室温大气。为保障超导磁体运行，需要有保护超导磁体的隔热设施。首先，使用外真空杜瓦把主机与室温大气隔绝，从而减少大气环境对超导磁体的影响。其次，在超导磁体与外真空杜瓦之间以及在超导磁体与内真空室之间安装冷屏，并在其上布置管道流过液氮冷却，从而将不同温区隔离，降低温度梯度，满足超导磁体可靠运行的要求。

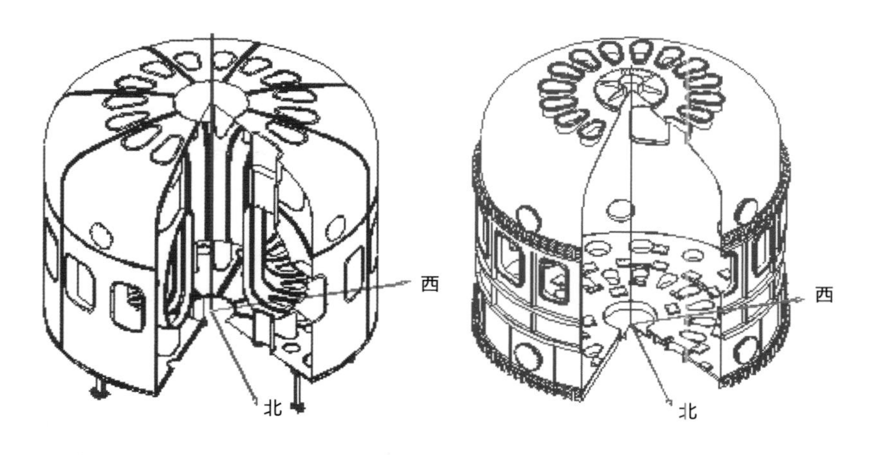

图 6.10　EAST 内外冷屏（左）与外真空杜瓦（右）

4 通入超大电流——积聚洪荒之力

冷却到超导态的超导磁体具有零电阻特性，因而可以承载超大电流。在等离子体放电之前，超导磁体电流会逐渐爬升至峰值，从而储存很高的电磁能（图 6.11），为等离子体的击穿和建立积累能量。

为了保证超导磁体通入超大电流，托卡马克装置设置有专属的电源系统（图 6.12）。电源系统主要分为两种，一种是纵场线圈里流动的恒定超大电流，这个电流可以产生像甜甜圈一样的超强磁场；还有一种是极向场线圈里面流动的可以快速变化的脉冲大电流，这种电流起辅助作用，可以使甜甜圈状的磁场更加稳定。

为了给磁体及其他系统供电，EAST 装置拥有一套复杂的电源系统，包括磁体电源系统将高压交流电转换为可控直流电，为环向场线圈、中心螺管线圈、极向场线圈等提供运行电源；辅助加热电源系统为各类等离子体辅助加热系统提供高压电源；常规电源系统为真空系统、低温系统、等离子体诊断系统、总控系统等提供低压常规配电。

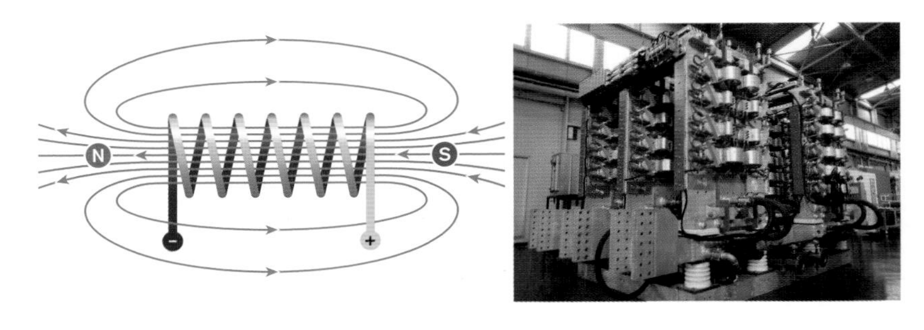

图 6.11　超导磁体通入大电流产生强磁场　图 6.12　托卡马克超导磁体电源模块

5 营造超强磁场——为聚变原料划分跑道

环向场超导磁体是稳态运行的，通入超大电流后就产生了环向稳态约束磁场。这个强磁场就好似一条条无形的跑道，使得高温等离子体只能沿着磁场方向不停转动，从而达到磁约束的目的。

与此同时，极向场超导磁体由反馈控制动态运行，其产生的极向磁场用以控制等离子体，使其具有更好的约束性能。另外，等离子体电流建立后也会产生一个沿着截面方向的磁场，与环向磁场叠加后形成螺旋磁场（图 6.13）。

图 6.13　托卡马克中等离子体沿着环向螺旋磁场运动

带电粒子在磁场中的运动分成两部分：一部分在垂直于磁感线方向做回旋运动，另一部分沿着磁感线方向做自由运动。除非受到其他作用，否则带电粒子不会离开磁感线束缚，所以磁场可以将高温等离子体与周围的真空室隔开。磁场的这种热绝缘本领与磁场强度有关，也与等离子体的参数有关，通过进一步分析表明，其更与磁场位形的特性有关。磁约束聚变研究 70 年的历史表明，以托卡马克为代表的环形磁约束位形最有可能建造聚变反应堆。

6 充入聚变气体——来自海洋的力量宝石

在正式放电的零时刻之前，向环形内真空室中充入聚变气体，也就是聚变原料氘和氚。

未来聚变堆希望率先突破氘氚聚变，其中氘元素可以从海水中分离获取，海水资源中蕴藏了大约 45 万亿吨的氘资源，可供人类使用数十亿年；氚元素可以通过中子轰击锂元素的方式获取，按照人类发展对能源的消耗量，地球上已探明的锂资源可供人类使用 6000 年以上。未来聚变堆中可以通过包层实现氚的增值，专业上称之为氚自持反应。据估算，一浴缸海水提取的氘原料和两块笔记本电脑电池提供的氚原料发生氘氚聚变后，产生的能量相当于 80 吨优质煤燃烧后释放的化学能，大约是一个人一生所要消耗的总能量（图 6.14）。

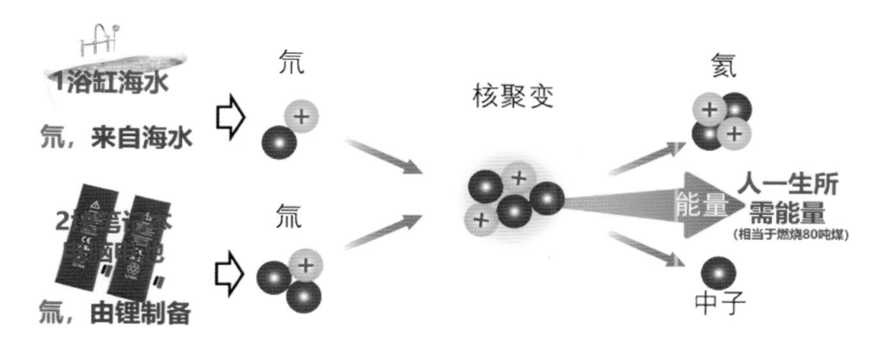

图 6.14　1 浴缸海水和 2 块电池提取的聚变燃料可提供人一生所需能量

7 形成等离子体——电磁感应式“点火”

等离子体放电的零时刻，中心螺管线圈电流迅速下降，在环形真空室中产生感应电流，加速自由电子，发生碰撞电离，形成等离子体。之后再次充入气体，增加等离子体的密度和压力。

根据电磁感应原理，中心螺线管通电后会在垂直方向产生一个磁场（图 6.15），当磁场快速变化时会在等离子体区域产生一个环向感应电场，从而将稀薄的聚变气体击穿形成等离子体。随后等离子体沿着环向螺旋磁场方向旋转起来，便形成了等离子体电流。此外，由于等离子体存在一定的电阻，根据焦耳定律，等离子体电流会产生热量，从而起到加热等离子体的目的。这种加热方法也被称为欧姆加热（图 6.16）。

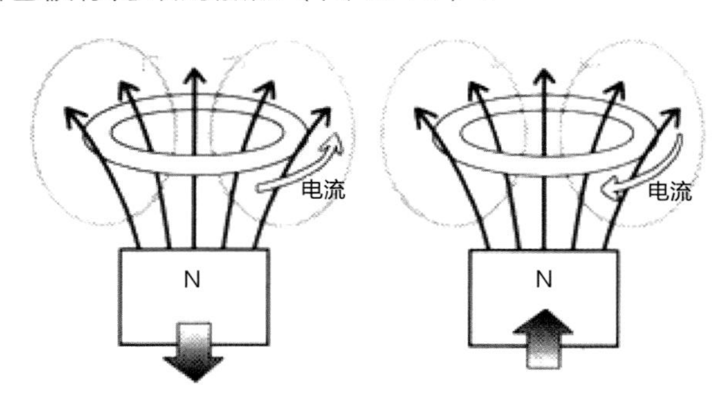

图 6.15　垂直方向变化的磁场会产生一个环向电场

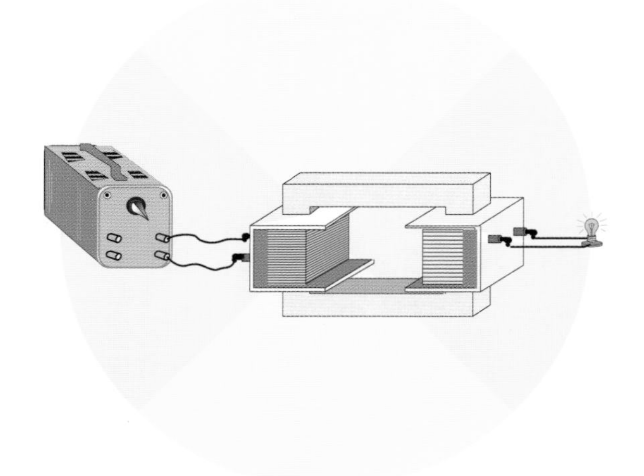

图 6.16　托卡马克欧姆加热能量传递过程类似于变压器

从能量守恒传递的角度看，托卡马克好似一个空心变压器，其原边线圈是中心螺管线圈，负责从电源获取能量并通过电磁感应耦合到副边，副边线圈就是等离子体电流不断将能量转换为等离子体的内能和电磁储能。

8 提高聚变温度——大号微波炉与加速器

随着等离子体温度提高，其电阻会迅速减小，因此欧姆加热只能将 EAST 等离子体加热到大约 1000 万摄氏度，那么上亿摄氏度高温等离子体该如何实现呢？EAST 必须同时满足三个条件：首先，有足够高的等离子体加热功率；其次，持续加热足够长的时间；最后，还要有一个足够好的保温环境。EAST 主机的极限环境，保证了高温等离子体的磁约束，减少了热量损失，但还需要足够、持续的热量注入。

为此，EAST 拥有四套高功率辅助加热系统，最大加热功率超过 30 兆瓦。其中，射频波辅助加热系统（图 6.17）的工作原理类似于生活中常用的微波炉，但功率相当于几万台微波炉同时加热，且加热对象不再是食品而是等离子体。中性束注入（图 6.18）则是注入高能中性粒子，由于中性粒子不受磁场影响，可以直接进入等离子体并与之发生碰撞，从而发生能量传递，就像高温蒸汽去加热水一样高效。

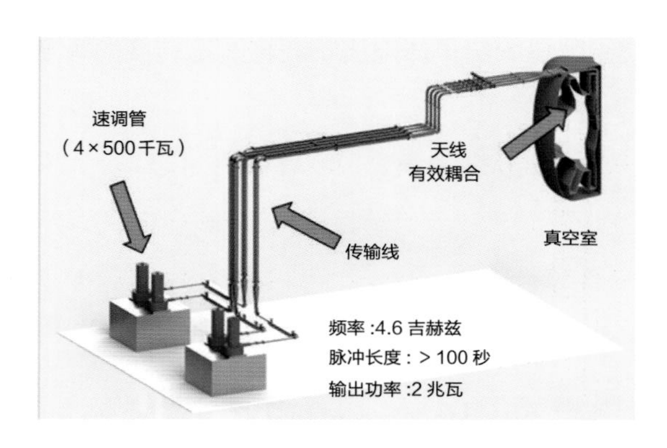

图 6.17　射频波辅助加热系统示意图

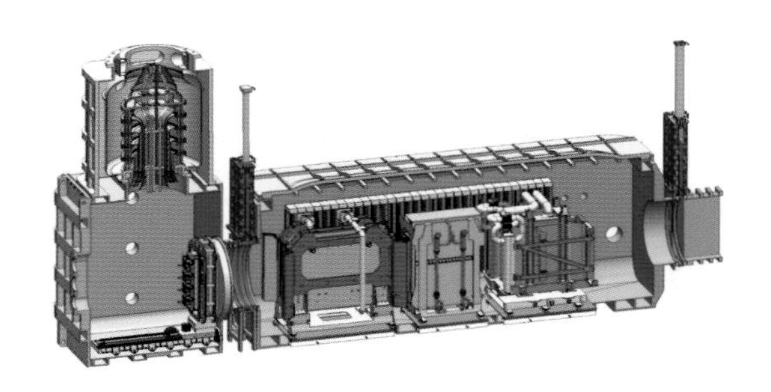

图 6.18　中性束注入系统示意图

9 覆盖超级材料——承受超高温度的洗礼

EAST 真空室内部直接面向等离子体的材料被称为第一壁材料

（图6.19），是托卡马克磁约束核聚变装置中的核心部件之一。首先，第一壁材料承担着核聚变所产生的热辐射和高能射线，由于很多物质的化学键会在高能射线照射下发生解体，因此第一壁材料非常容易在高能射线中被摧毁。其次，一些高能粒子可能会摆脱磁场约束直接轰击上第一壁，从而造成第一壁材料不同程度的损伤。与此同时，高能粒子小概率会从第一壁材料中撞击出离子，对于等离子体而言这些离子属于杂质，一旦进入等离子体则会导致核聚变反应终止，甚至出现更严重的后果。简言之，第一壁材料不仅承担着排除高通量能量流和粒子流的功能，在聚变堆中还为安装在它后面的部件，如真空室和超导磁体等，提供部分中子屏蔽功能。总之，第一壁材料承受了核聚变反应所带来的一系列冲击，不仅要求坚固性高、热负荷高，还要保证化学稳定性。

图 6.19　EAST 装置的第一壁

EAST 最早使用石墨作为第一壁材料，因为碳是目前自然界中熔点较高的物质之一，其在无氧环境下可以承受 3500 摄氏度以上的高温，此外其良好的导热性能够保证有效散热。但碳对氢及其同位素具有吸附能力，不利于核聚变反应的进行。因此，EAST 现在使用钨作为第一壁材料，钨是极好的耐热金属材料，在日常生活中也被用作灯丝。选择钨作为第一壁涂层并结合其他材料，可以保证第一壁材料可以承受多样化的冲击。

10 搭建先进诊断——手眼通天的“望、闻、问、切”

在进行等离子体放电实验时，需要对其温度、密度、电流、磁场等物理参量进行诊断测量，并通过分析研究对等离子体的运行和控制进行优化。比如，利用汤姆逊散射诊断实现对电子温度与密度分布的测量（图 6.20），该系统向等离子体打入一束激光与电子发生相互作用，并通过对散射出来的激光精密测量和分析获得电子温度与密度分布。2021 年 EAST 创造的亿度百秒等离子体运行纪录正是由该系统完成对温度的测量的。类似的等离子体诊断系统，EAST 装置建成有 70 余项，通过不同的诊断技术测量不同的物理参量，实现对等离子体的“望、闻、问、切”。

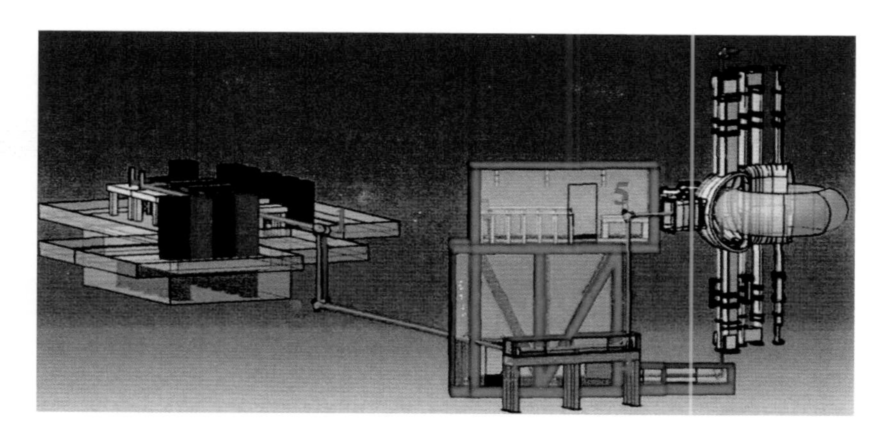

图 6.20　EAST 汤姆逊散射诊断光路图

11 优化运行控制——不断突破的实验纪录

2021 年 5 月 28 日，EAST 装置成功实现可重复的 1.2 亿摄氏度 101 秒（图 6.21）和 1.6 亿摄氏度 20 秒等离子体运行，将 1 亿摄氏度 20 秒的原纪录延长至原来的 5 倍。该纪录的诞生，进一步证明了核聚变能源的可行性，也为其迈向商用奠定了物理和工程基础。

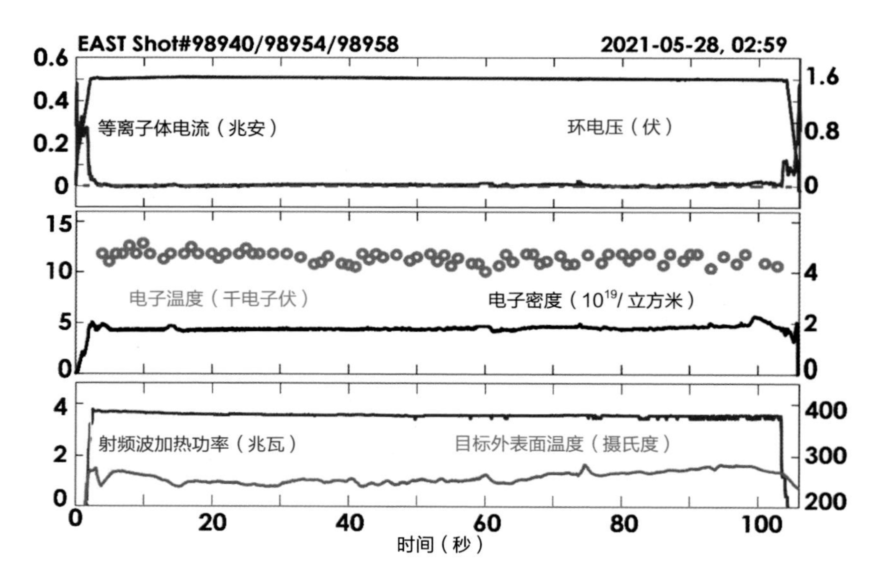

图 6.21　EAST 实现可重复的 1.2 亿摄氏度 101 秒等离子体运行

2021 年 12 月 30 日，EAST 装置成功实现 1056 秒长脉冲高温等离子体运行（图 6.22），将自己保持的 411 秒最长放电纪录延长至原来的 2.5 倍之多（原纪录是 2012 年 6 月 27 日创造的），运行时间首次突破千秒。千秒量级高温等离子体运行的背后是 EAST 科研团队协同攻关的结果，克服了完全非感应电流驱动、等离子体再循环与杂质控制、热与粒子排出等问题，全面验证了未来聚变发电的等离子体控制技术，为未来建造稳态的聚变工程堆奠定了坚实的科学和实验基础。

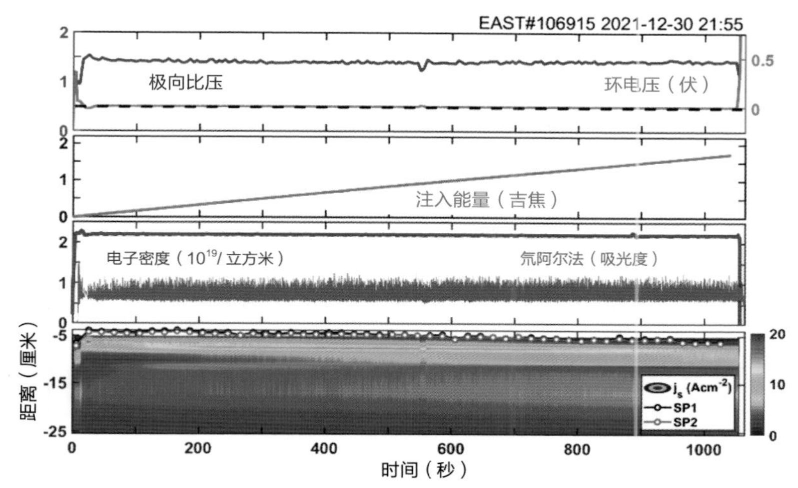

注：j_s：偏滤器靶上的离子饱和电流密度（安/平方厘米）。SP1、SP2：双零位形中两个X点的外侧打击点。

图 6.22　EAST 实现 1056 秒稳态高参数等离子体运行

2023 年 4 月 12 日，EAST 成功实现稳态高约束模式等离子体运行 403 秒（图 6.23），这是 EAST 继 2017 年实现 101 秒稳态高约束模式等离子体运行后，再创高约束模式等离子体运行最长时间纪录。该成果对于探索未来的聚变堆前沿物理问题，提升核聚变能源经济性、可行性，加快实现聚变发电具有重要意义。

类似的世界纪录和聚变里程碑在 EAST 上迭出不穷，自 2006 年 9 月 26 日首次放电成功以来，EAST 累计等离子体放电次数早已突破 13 万次，虽经历了无数次的失败，却也获得了鼓舞人心的成就。EAST 先后于 2010 年、2018 年、2021 年实现了 100 万安培等离子体电流、1 亿摄氏度高温等离子体、1000 秒稳态等离子体运行三大科学目标，每一项数据都是运行团队无数次探索的突破，每一次成功都离聚变能实用更进一步（图 6.24）。

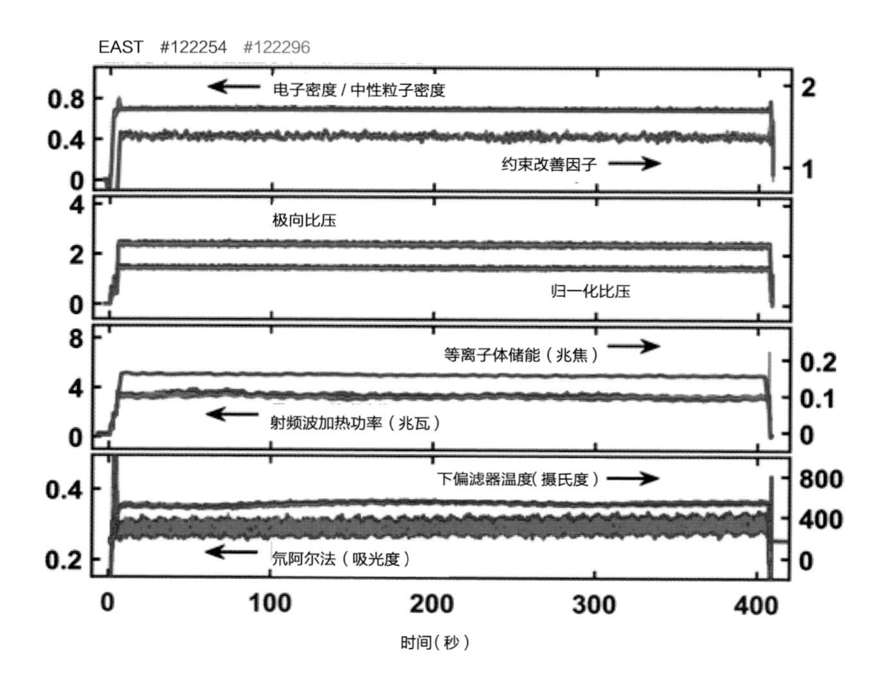

图 6.23 EAST 实现 403 秒可重复的高约束模式等离子体运行

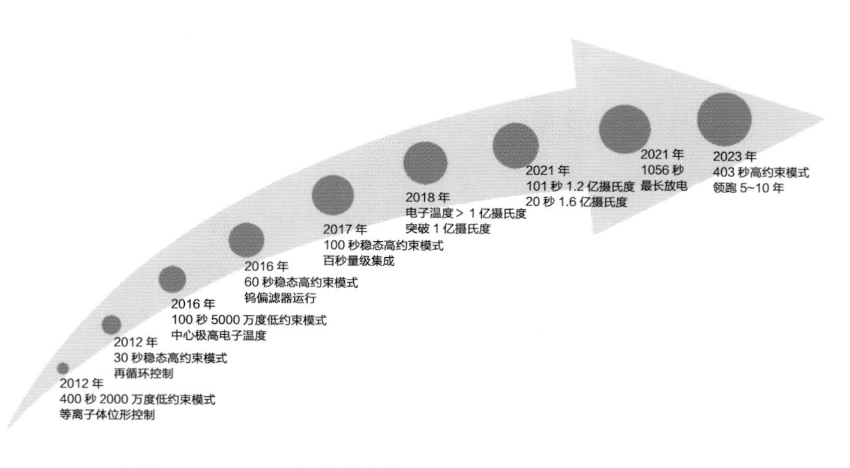

图 6.24 EAST 实验创造多项世界纪录，引领国际聚变研究

同时，EAST 是未来 10 年世界上能够提供长脉冲、近堆芯级等离子体实验平台的两台装置之一。下一步，EAST 装置将以高约束稳态运行、高功率稳态运行、聚变堆物理条件的实现、聚变堆基本和稳态运行模式的实现、聚变堆水平下热和粒子排除验证研究，以及物理和技术集成等为阶段目标开展实验研究。

为保证等离子体运行，EAST 装置内部同时存在着五种极限工况，下一章将对这些极限工况及其挑战一一道来。

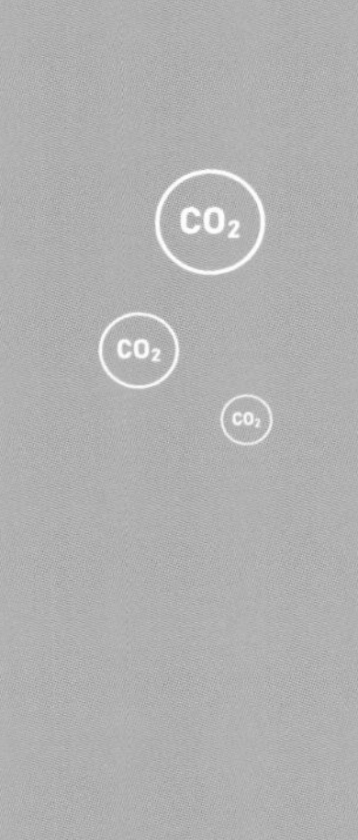

CO_2
CO_2
CO_2

第7章

人造太阳上的极限环境

太阳内心温度达到 1500 万摄氏度，每一秒大约有 6 亿吨的氢发生核聚变，产生的能量相当于上千亿颗氢弹，并且已经持续了 46 亿年。但人造太阳为实现更加高效的核聚变反应，其核心温度比太阳要高数倍，同时还要维持其稳定可靠的运行。为此，EAST 装置内部集超高温度、超低温度、超高真空、超大电流、超强磁场五种极限环境于一体，这些难以想象的极限环境是如何集于一体并协同工作的，让我们来一探究竟。

1 超高温度——点燃人造太阳

核聚变反应需要在极高的温度条件下进行，因此也被称为“热核聚变”。人造太阳内部是温度为上亿摄氏度的极高温等离子体态，拥有火热的内心。这是因为氘氚聚变在 1 亿摄氏度下能够实现比自然界中太阳更加高效的反应，以期实现输出能量大于输入能量的实用化目标。

这是因为只有在如此高温下，氘氚原子核才能获得足够快的速度和足够高的能量，以此克服原子核间巨大的库仑斥力，将距离压缩到核力范围内以实现核聚变反应。实际上太阳内心单位体积的释能效率比人体发热率还要低，所以人造太阳需要将氘氚原料加热到远高于太阳内心的温度，从而实现更加高效的核聚变反应。

任何物质在如此高温下都会电离为等离子体态，氘氚聚变原料也不例外。如果不加以约束，那么炽热的氘氚等离子体会像脱缰的野马一样四处乱窜，因此人造太阳需要强大的磁场来实现对火热内心的承装和约束。

2 超强磁场——盛装人造太阳

为成功约束上亿摄氏度的极高温等离子体，EAST 装置的等离子体中心磁场强度最高可达 3.5 特斯拉。作为对比，地球磁场的强度为 0.00005~0.00006 特斯拉，因此 EAST 装置的磁场强度大约是地磁场的 7 万倍。这些磁场就像一条条无形的跑道，使得高温等离子体只得沿着磁场方向自由运动（图 7.1）。

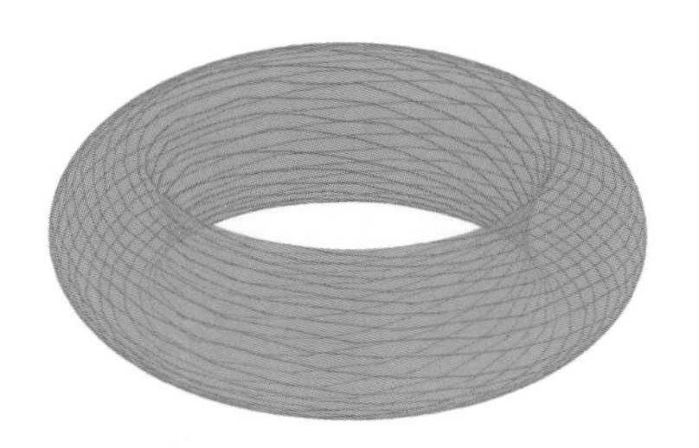

图 7.1　EAST 装置磁场

稳态的磁场可以实现对等离子体的约束，以避免与第一壁材料直接接触，而变化的磁场则负责等离子体的击穿、加热和控制。在上一章我们已经介绍过，垂直方向快速变化的磁场会感应出一个环向电压，从而将氘氚气体击穿并电离为等离子体，同时通过磁场的耦合不断为等离子体增加内能和电磁储能，以提高等离子体温度。此外，我们可以根据等离子体运行和控制的需要，通过控制磁场来调节等离子体的位置和形状，以达到更好的约束效果。

而用以约束和控制等离子体的强磁场，则是由一系列线圈通入电流后产生的，这些线圈统称为“磁体系统”（图 5.9），是托卡马克关键的组件之一。要产生可靠的强磁场，必须让磁体系统通入超大电流，而且要稳定可靠。为了满足这些条件，EAST 装置首次采用了全超导磁体，包括环向场线圈、极向场线圈和中心螺管线圈，从规模上看，EAST 超导磁体系统重量和造价均超过装置的四分之一。EAST 超导磁体就好似利用其产生的磁场塑造了一颗强大的心脏，从而成功约束内心的火热。

3 超大电流——产生超强磁场

如果将超导磁体比作产生超强磁场的心脏，那么超大电流则是源源不断流经心脏的澎湃血液。EAST 装置环向场线圈设计最大运行电流为 16000 安培，极向场线圈设计最大运行电流为 15000 安培。当这些超大电流通入后，超导线圈就变成了一个个电磁铁，叠加出我们所需要的约束磁场。

但由于电阻的存在，电流流过普通的导体时会产生能量损耗，并通过电阻产生热量。如果导体通入电流过大，则会导致发热严重，甚至会烧断导体，所以一定粗细的导体能够通入的最大电流是一定的。如果要让普通导体通入超大电流，那么导线必须做得非常粗，且能量损耗也十分大。

正是由于这个原因，普通插线板的最大载流能力一般为 10 安培，像空调等大功率电器的专用插线板会达到 20 安培。EAST 装置磁体运行的超大电流则是家用插线板的千倍以上（图 7.2），如果用普通导体来做线圈，尺寸会非常大，并且会产生严重的能量损耗和发热问题，使得装置只能短暂地运行而不能持续工作，这与可靠、稳定、经济运行的追求目标是相悖的。

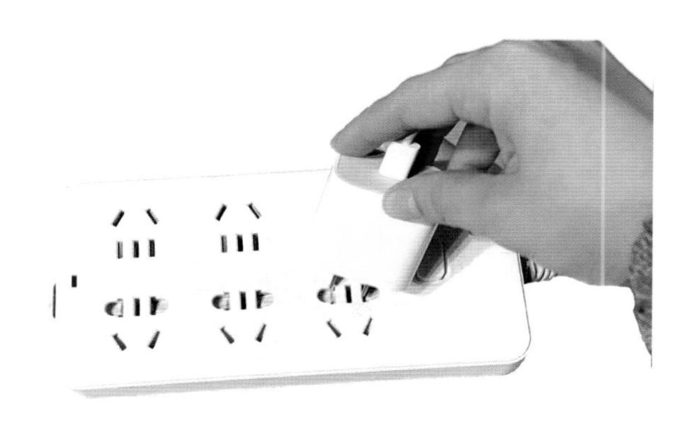

图 7.2　EAST 磁体运行电流是家用插线板的千倍以上

为此，EAST 磁体系统采用了一类特殊的导体——超导体，并且 EAST 还是世界上第一个采用超导体来绕制环向场线圈、极向场线圈和中心螺管线圈的全超导装置。超导体的优点是在低温条件下没有电阻（图 7.3），可以承载更大的电流、产生更强的磁场，并且几乎没有能量损耗和发热问题，可满足实现装置稳态运行的必要条件。

图 7.3　超导体在极低温下没有电阻

但目前具有实用价值的超导体都需要工作在超低温条件下，因此“澎湃血液”的顺利流动，还需要冷酷的外表来保证心脏的有序跳动。

4 超低温度——承载超大电流

EAST 装置的超导磁体之所以能够承载上万安培的超大电流而不发热，是因为超导的零电阻特性。但目前实用化的超导体都必须工作在超低温条件下，比如 EAST 磁体系统所使用的超导体需要冷却到零下 269 摄氏度才能进入超导态。更难以想象的是，零下 269 摄氏度的超导磁体与上亿摄氏度的等离子体之间只间隔 1 米多的距离，属于超高温与超低温并存的状态（图 7.4），这也是 EAST 的技术挑战之一。

图 7.4　EAST 装置中超高温与超低温并存

有记录以来，地球最低温度出现在 1983 年 7 月 21 日的南极洲，达到零下 89.2 摄氏度，而零下 269 摄氏度比全球最低温度记录还要低 179.8 摄氏度。如何才能将超导磁体降温到零下 269 摄氏度呢？可

图 7.5　液氦可以将超导磁体冷却至零下 269 摄氏度

以在 EAST 装置中使用液氦进行冷却（图 7.5），这是因为氦的沸点非常低，因此也被称为最难液化的气体。为此 EAST 装置拥有一套庞大的低温制冷系统，将氦气不断收集起来进行压缩液化，以实现重复利用。

为了做到“冰与火”共存，EAST 装置需要对两个温区进行有效隔绝，而真空是避免热传导的有效方法。

5 超高真空——实现冰与火共存

暖水瓶是日常生活中常见的保温器具之一，它的瓶胆具有两层，将中间的夹层抽成真空状态能够大大降低热传导，同时将瓶胆涂上银色反射层又能大大降低热辐射。

基于同样的原理，可以实现超高温等离子体和超低温超导磁体的热隔绝。EAST 装置内部是一个环形的内真空室，这里是等离子体运行的场所，而外部还有一个圆柱形的外真空室，在内外真空室之间就是超导磁体工作场所（图 7.6）。超导磁体降温前会将外真空室抽成高真空状态，创造降温条件，而实验运行前会将内真空室抽成高真空状态，为等离子体运行创造良好环境。EAST 装置内部的气压值可以低于 0.000001 帕斯卡，大约只有大气压（约 10 万帕斯卡）的百亿分之一。

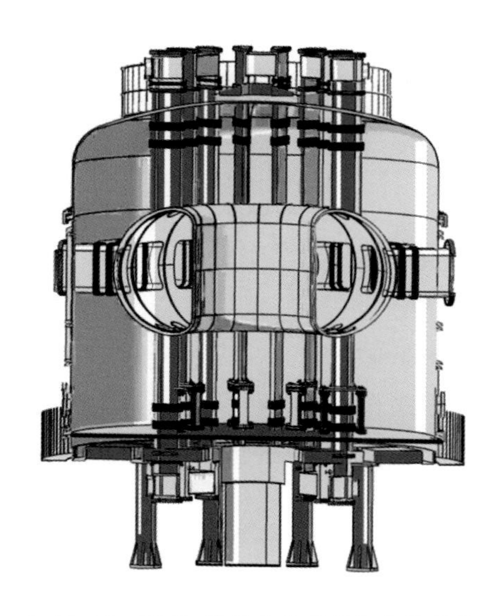

图 7.6　EAST 装置内真空室和外真空室

以上详细介绍了 EAST 装置作为首个全超导托卡马克核聚变实验装置所要面临的五个极限环境（图 7.7），即为了实现高效核聚变反应需要将聚变原料加热到 1 亿摄氏度以上的超高温，为了约束超高温等离子体需要 3.5 特斯拉的超强磁场，为了产生强磁场需要线圈运行电流达到 16000 安培的超大电流，为了避免发热及稳态运行需要使用超导体的工作温度是零下 269 摄氏度的超低温，为了实现高低温并存及创造等离子体运行环境需要将装置主机抽成气压低于 0.000001 帕斯卡的超高真空。

五个极限环境集于一体，这是超导托卡马克所面临的挑战，但也是核聚变能开发的必由之路。

回顾托卡马克的研究，已经走过 70 年的征程，从小到大、从弱到强、从常规到超导，托卡马克的发展历程俨然凝聚着人类为开发和利用核聚变能而作出的巨大努力。

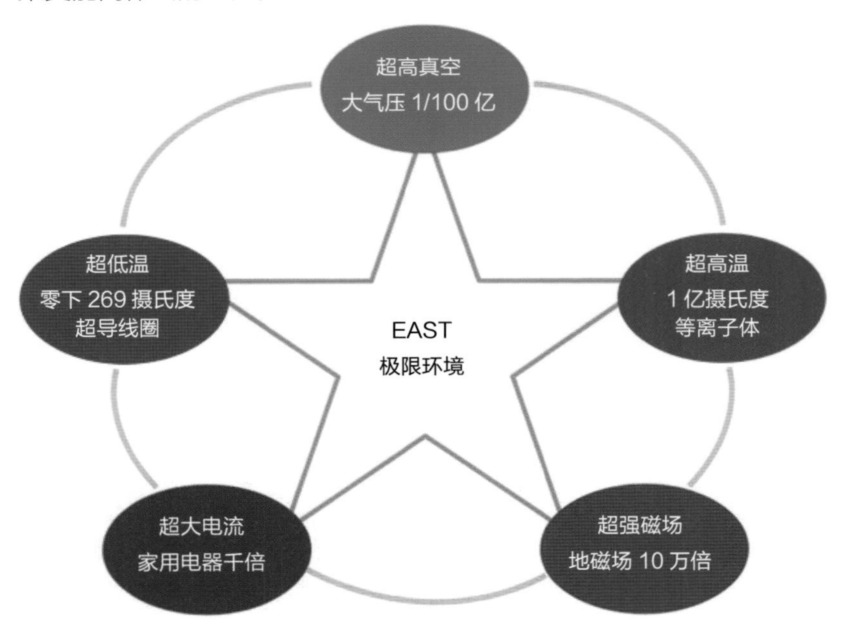

图 7.7 EAST 装置的五个极限环境

第8章

越做越大的人造太阳

$E = mc^2$

1 核聚变研究历程回顾

1919 年，英国物理学家欧内斯特·卢瑟福（Ernest Rutherford）在实验中发现，足够多的氢原子核可以在人工控制下相互碰撞发生核反应转化为另一种原子。同年，英国的物理学家·弗朗西斯·阿斯顿（Francis William Aston）发现，2 个氢原子核加起来的质量，要比 1 个氦原子核的质量大一些。这就意味着，如果氢原子核合成氦原子核，就会有一部分质量变成能量，这也是爱因斯坦在相对论中提出的质能方程——$E=mc^2$ 的体现（图 8.1）。

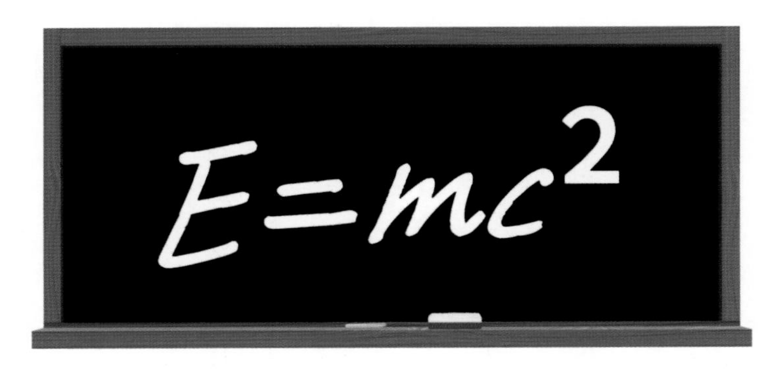

图 8.1 质能方程

1920 年，英国物理学家亚瑟·斯坦利·爱丁顿（Arthur Stanley Eddington）提出重要猜想：太阳的能量来自氢原子核到氦原子核的聚变过程，并称其为质子 - 质子链反应（图 8.2）。1928 年，美国核物理学家乔治·伽莫夫（George Gamow）揭示了聚变反应中的库仑势垒隧穿效应，即 2 个原子核要接近至可以进行核聚变所需要克服的静电能量壁垒。一年后，物理学家阿特金森（Atkinson）和奥特麦斯（Houtermans）从理论上计算了氢原子聚变成氦原子的反应条件。计算结果表明，氢原子的聚变反应需要在几千万摄氏度的高温下进行。这一成果为随后的热核聚变研究指明了方向。

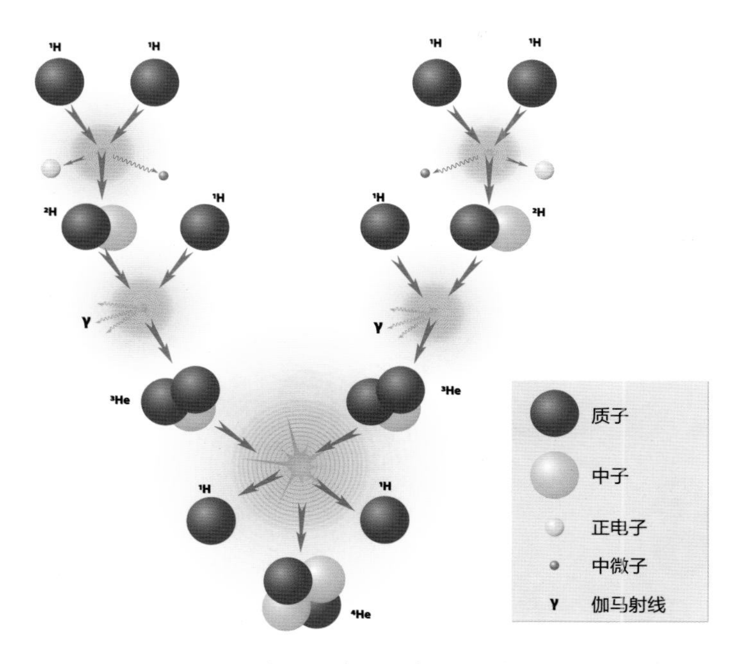

图 8.2　质子 – 质子链反应

到了 20 世纪 30 年代，人工核聚变开始出现。1932 年，澳大利亚科学家马克 · 奥利芬特（Mark Oliphant）和英国科学家欧内斯特 · 卢瑟福（Ernest Rutherford）首次实现了人工核聚变，他们用加速器把氘原子核轰击到锂靶上，产生了氦原子核和中子。但是这种方法需要消耗很多能量，无法实现发电目标。

同时期，核聚变在研究领域也结出了硕果。1938 年，美国物理学家汉斯 · 贝特（Hans Bethe）证明太阳能源来自自身内部氢核聚变成氦核的热核反应，他提出了“碳循环”和“氢循环”核聚变理论来解释太阳和其他恒星。基于这一贡献，他也在 1967 年获得了诺贝尔物理学奖。

20 世纪 40 年代，美国普渡大学的施莱伯（Schreiber）和金（King），用氢的同位素氘（D）轰击同位素氚（T），实现首个氘氚（D-T）核聚变反应（图 8.3）。在此后的研究中，有关 D-T 核聚变反应的研究一直是可控核聚变领域的一项重要分支。

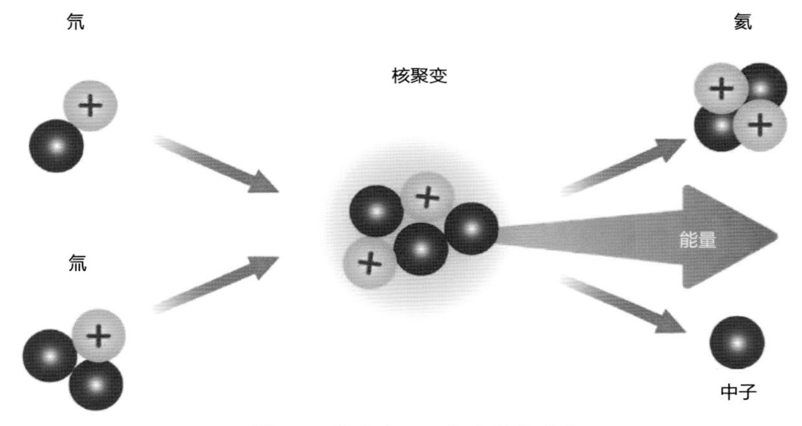

图 8.3 氘氚（D-T）核聚变反应

1952 年，西太平洋埃尼威托克岛上传出一声巨响，人类历史上的首颗氢弹成功爆炸。这一声巨响意味着，科学家们经年累月地努力爬坡，成功实现了不可控核聚变。也是在这一声巨响之后，永远不知满足的科学家又提出了新的问题：如何使核聚变缓慢地释放聚变能，并能像核裂变一样转换成电能为人类提供生产生活所必需的能源?

1957 年，英国爱丁堡大学的菲尔普斯（Phelps）教授研发了世界第一台核聚变装置——Zeta（图 5.6），他将研究室中的反应堆作为装置的核心。尽管这台为反应堆的核聚变研究而设计的装置，其发展不及科学家们的预期，但是这一突破仍被看作可控核聚变发展的一个里程碑。

20 世纪 60 年代，苏联物理学家在托卡马克装置上取得了非常好的等离子体参数，之后，英国科学家携带着当时最先进的汤姆逊散射测量系统，证实了 T-3 托卡马克装置拥有极高的实验参数水准，托卡马克逐渐成为国际磁约束核聚变研究的主流设备，同时也在全球范围内掀起了托卡马克的研究热潮。

2 托卡马克创世纪

在磁约束受控聚变研究初期，科研人员经历了充满质疑和沮丧的 10 年。

1958—1968 年，各西方发达国家尝试了各种磁场位形的聚变装置，结果都令人失望。但与此同时，苏联科学家提出托卡马克概念。此后，随着 T-3 托卡马克（图 8.4）的一战成名，磁约束聚变研究历史上迎来了一次巨大的跳跃，从此开启了托卡马克磁约束聚变高歌猛进的新时代，托卡马克如雨后春笋般建立起来，且规模越建越大。

图 8.4　T–3 托卡马克装置

③ 20 世纪 70 年代的起落

20 世纪 70 年代，是可控核聚变发展经历大起大落的 10 年。

聚变研究集中于基础磁约束物理实验、等离子体理论及聚变相关重要技术，聚变堆设计及环境评估刚刚开始。在美国，大型超导线圈测试、高功率中性束、壁处理技术、低活化聚变材料等方面得到了支持。

1970 年《国家环境政策法》拉开了美国环保运动的序幕，“绿色和平”组织成为反对聚变研究的主要政治势力。1973 年石油危机为聚变发展创造了机遇。1973 年 10 月，第四次中东战争爆发，石油输出国组织（Organization of the Petroleum Exporting Countries，OPEC）为了打击对手以色列及支持以色列的国家，宣布石油禁运暂停出口，造成油价上涨。

1974 年，美国原子能委员会（Atomic Energy Commission，AEC）成立磁约束聚变研究与能源开发办公室，次年将 TFTR 计划和预算提交国会，旨在开展世界上第一个氘氚实验来实现得失平衡，以验证聚变可行性。此后，欧洲批准了 JET，日本批准了 JT-60，苏联批准了 T-20（后来改为超导的 T-15）。1980 年，全世界聚变年经费达到 8.5 亿美元。

1979 年石油危机，两伊战争导致国际油价再次飙升。第二次石油危机造成了西方工业国的经济衰退，1980 年 10 月，美国国会通过聚变能开发议案，要求增加聚变预算并在 20 世纪 90 年代初建成示范堆。但超级通货膨胀改变了 1980 年总统选举结果，也导致示范堆的建造计划流产。此外，1979 年 3 月 28 日，美国三哩岛核电站发生核泄漏事故（图 8.5），反核势力膨胀，核聚变急需与裂变撇清关系，声明其自身为安全、清洁的新能源。

经过这一时期的探索，科学家们发现核聚变研究的科学性和长期性，许多科学问题尚未解决，短期之内也无法实现。但这也使得核聚变得以在 20 世纪 80 年代与所有其他能源项目区别开来。

图 8.5　美国三哩岛核电站发生核泄漏

4 20 世纪 80 年代的繁荣

20 世纪 80 年代，是托卡马克大装置崛起的 10 年。

1983 年，石油危机结束，美国里根政府不再支持短期演示性能源项目。考虑到核聚变的长期性以及其能够带动等离子体物理学科的发展，有关国家决定继续支持聚变研究。

20 世纪 80 年代中期美国的 TFTR 装置（图 8.6）、欧洲的 JET 装置（图 8.7）、日本的 JT-60 装置（图 8.8）、苏联的 T--15 装置（图 8.9）相继建成并开始试验，聚变四大装置的时代就此开启。同时，大装置建造及运行周期一般在 20 年以上，会要求项目经费在很长一段时期内保持稳定。

1985 年，美苏邦交恢复，苏联戈尔巴乔夫主席和美国里根总统

图 8.6 美国 TFTR 装置

图 8.7 欧洲 JET 装置

图 8.8 日本 JT-60 装置

图 8.9 苏联 T--15 装置

促成国际热核聚变实验堆 ITER 项目（图 8.10）。ITER 是迄今为止人类史上规模最大的国际合作科研项目，几经更迭，最终由中国、欧盟、印度、日本、韩国、俄罗斯、美国联合建造运行，总部设在法国，该项目致力于突破人类和平开发利用核聚变能的美好愿景。

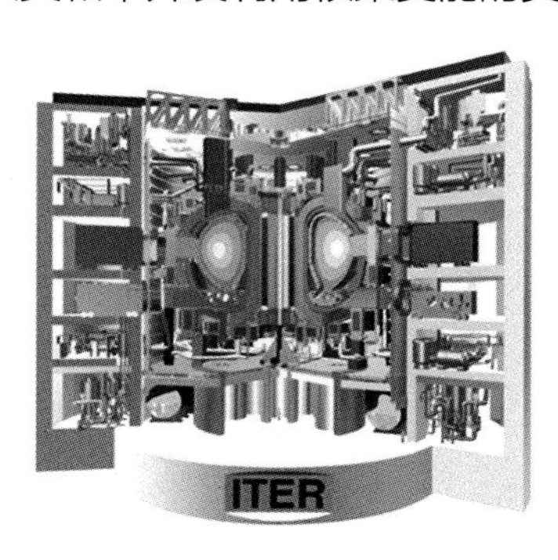

图 8.10　设计之初的 ITER 装置

延伸阅读：ITER 诞生记

苏联与阿富汗之战，冷战升级，美苏关系跌至谷底。1984 年，美苏开始讨论如何修复双方关系中的裂痕。法国总统密特朗和苏联主席戈尔巴乔夫讨论把聚变作为恢复关系的政治筹码。1985 年日内瓦峰会，戈尔巴乔夫主席与里根总统会谈，表示为了全人类的利益，东西方将合作来验证聚变能的可行性。

1987 年，在雷克雅未克峰会上，苏联、欧盟、日本、美国达成协议，ITER 诞生。由于总统和国家的支持，美国聚变预算在 20 世纪 80 年代中后期总体上都相当不错。即使 1986 年发生切尔诺贝利核电站事故，美国也没有削弱对 ITER 项目和聚变的支持。ITER 并未受到全球反核浪潮的影响。1988 年在国际原子能机构（IAEA）的资助下，各方在维也纳启动了 ITER 概念设计工作。

同时，伴随着石油危机的结束，能源需求并不迫切。加之 20 世纪 80 年代末 90 年代初预算变得紧张，导致支持的范围收缩到托卡马克途径和 ITER 项目相关技术。在某种程度上，托卡马克成为受控聚变研究的唯一代表和最后希望。

这一时期聚变研究的另一重要突破是高约束模式（H-mode）等离子体的发现。1982 年 2 月 4 日，德国物理学家弗里德里希 · 瓦格纳（Friedrich Wagner）在 ASDEX 托卡马克装置上意外发现 H-mode，即在高功率加热下的能量约束时间基本上是之前低约束态的 2 倍（图 8.11）。这一极其重要的发现对当时可控核聚变界是一个极大的鼓舞，当这个消息传到美国时，甚至有人激动得跳上了桌子。

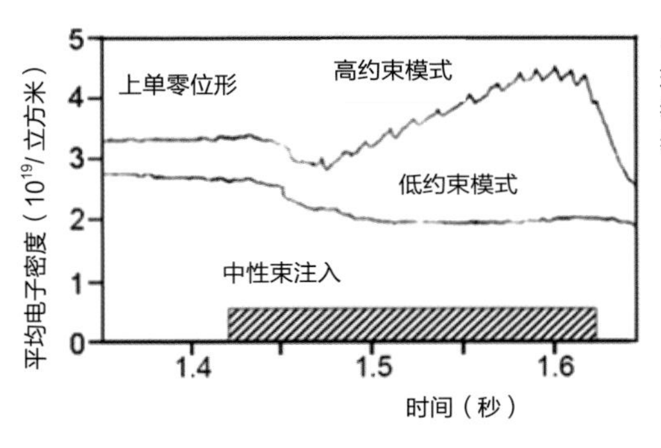

图 8.11　高约束模式等离子体

5 20 世纪 90 年代的成就与无奈

20 世纪 90 年代，实现核聚变能的科学可行性已经得到证实。

从 20 世纪 70 年代后期到 80 年代中期，人类先后建成四大托卡马克装置。等离子体最高温度可达 5 亿摄氏度，1997 年最高聚变输出功率超过 16 兆瓦（图 8.12），功率增益因子达到 1.25（得失相当）。从某种意义上来说，这些大装置是 1973 年第一次石油危机带来的。

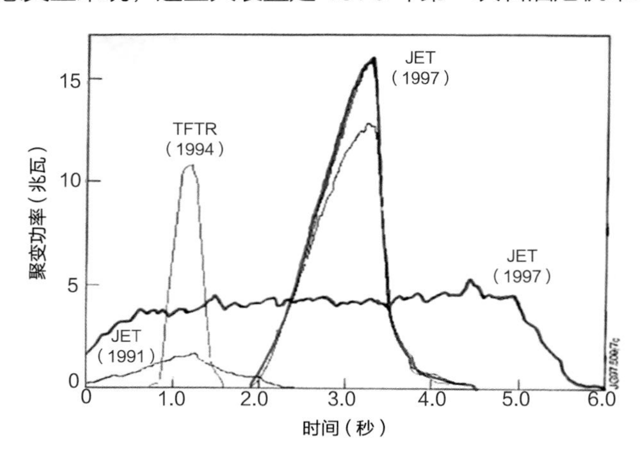

图 8.12　20 世纪 90 年代聚变功率上的突破

延伸阅读：功率增益因子 Q

聚变功率增益因子 Q = 聚变输出功率 / 输入功率，$Q > 1$ 意味着有能量盈余，因此 Q 是衡量聚变实用化的重要参数之一。

但是，1990 年海湾战争爆发，战后原油价格跌至每桶 10 美元，能源研究的紧迫性消失。聚变能作为“未来的保障”优先级下降。经过海湾战争，美国国库空虚，工作重心集中于减少联邦政府赤字。其次，温室效应和全球变暖的争论在政治上还处于早期，还不能真正成为支持新能源开发的理由。1997 年 TFTR 关闭后，美国调整聚变为科学导向，偏离之前的能源导向的激进政策。ITER 经费在设计阶段结束后，于 1998 年被终止，额度约为 100 亿美元。

6 21世纪后受控聚变新格局

进入21世纪，全超导托卡马克时代到来。

超导磁体技术的应用，为托卡马克稳态长脉冲运行创造了可能。2006年，全超导托卡马克核聚变实验装置（EAST，图6.2）在中国科学院等离子体物理研究所建成并成功运行，这是世界首个全超导托卡马克实验装置，也标志着可控核聚变研究开启全超导时代。

随着EAST的建成并获得成功，韩国于2009年建成了KSTAR全超导托卡马克实验装置（图8.13），日本也同欧盟合作将JT-60U常规装置升级成JT-60SA全超导装置（图8.14），在建的ITER装置也是全超导托卡马克实验堆。可见，全超导托卡马克是可控聚变走上实用化的必由之路。

图8.13 KSTAR全超导托卡马克

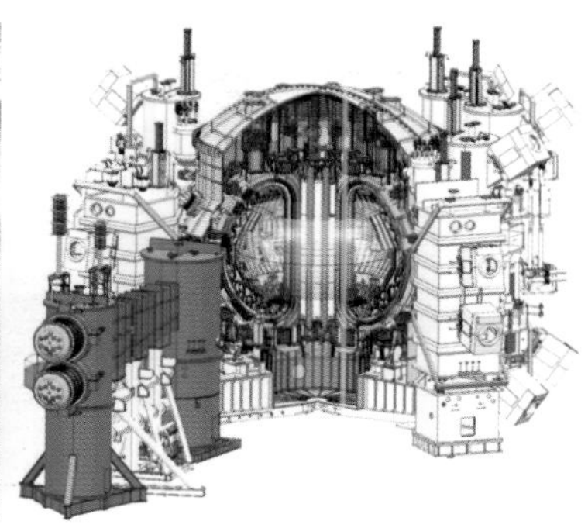

图8.14 JT-60SA全超导托卡马克

与此同时，2000 年后聚变研究主要围绕 ITER 展开。2006 年 5 月 24 日，ITER 七方代表草签了一系列相关合作协议，标志着这项计划开始启动。2006 年 11 月 21 日，在巴黎法国总统府，中国、美国、日本、韩国、俄罗斯、印度、欧盟七方正式签约（图 8.15）。2007 年 10 月 24 日，ITER 国际组织正式成立，合作协定正式开始生效。至此，占世界人口 56%、土地 87% 的国家，将协力合作，开始人造太阳的科学实验。

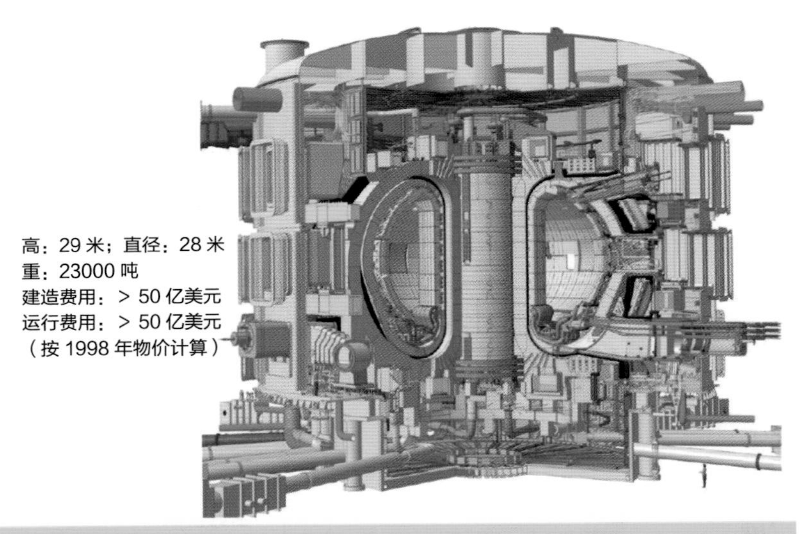

图 8.15　ITER 装置

ITER 的目标是实现聚变点火，使功率增益达到 5 ~ 10，聚变功率达到 40 万 ~ 70 万千瓦，一次放电聚变燃烧维持时间 400 ~ 3000 秒。

ITER 是个系统工程，整个系统规模庞大，且复杂程度超乎常人想象，特别是超导磁体系统和偏滤器组件。ITER 的建造和运行，不仅是科学的探索，更是工程技术的突破，同时也是对全球工业体系的挑战。

总的来说，在托卡马克上开发核聚变能的科学可行性已经得到了证实。人类在核聚变领域研究了几十年，取得了很大进展，积累了坚实的工程和物理基础。将几十个托卡马克装置在理论指导下实验发现的定标率适当外推：装置越大，磁场越强越容易实现聚变反应和获得聚变能源。

7 中国的人造太阳研究

在世界开展磁约束核聚变研究的同时，我国科学家紧跟时代脉搏，在国内布局相关研究。我国磁约束核聚变研究起步于 20 世纪 60 年代，经过长时间的发展，逐步形成了两个专业研究院所，即核工业集团下属的核工业西南物理研究院和中国科学院下属的等离子体物理研究所。同时，中国科学技术大学、华中科技大学、大连理工大学、清华大学等高校也开设了相关专业和实验室，为该领域培养了大批专业人才。

核工业西南物理研究院先后建成并运行中国环流器一号装置（HL-1）、中国环流器新一号装置（HL-1M）、中国环流器二号 A 装置（HL-2A）、新一代人造太阳装置（图 8.16）。

（a）HL-1　　（b）HL-1M

（c）HL-2A　　（d）新一代人造太阳

图 8.16　核工业西南物理研究院建成的实验装置

中国环流器一号（HL-1）是“四五”国家重大科学工程，其环向大半径为 1.02 米并辅助以波加热系统，该装置在 1984—1992 年的等离子体实验研究中取得了 400 多项科研成果。

中国环流器新一号（HL-1M）以中国环流器一号（HL-1）装置为基础改建而成，该装置于 1994—2001 年间服役，其主要目标是开展高密度和高功率辅助加热和电流驱动实验，同时也为 HL-2 装置（后由 HL-2A 计划所取代）的设计、建造和实验打下良好的物理技术基础。

中国环流器二号 A（HL-2A）是我国第一个具有先进偏滤器位形的非圆截面的托卡马克核聚变实验研究装置，于 2002 年底建成，其主要目标是开展高参数等离子体条件下的改善约束实验，从而为我国下一步聚变堆研究与发展提供技术基础。

新一代人造太阳是 HL-2A 的改造升级装置，于 2020 年 12 月 4 日建成并实现首次放电，其目的是研究未来聚变堆相关物理及其关键技术，研究高比压、高参数的聚变等离子体物理，为下一步建造聚变堆打好基础。

中国科学院等离子体物理研究所（以下简称“等离子体所”）先后建成并运行 HT-6B 和 HT-6M 常规托卡马克实验装置、合肥超环（HT-7）超导托卡马克实验装置、东方超环（EAST）全超导托卡马克实验装置（图 8.17）。

（a）HT-6B

（b）HT-6M

（c）HT-7

（d）EAST

图 8.17　中国科学院等离子体物理研究院建成的实验装置

HT-6B 装置在等离子体所建立之初其前身为 HT-6A 装置，其环向大半径为 0.45 米，于 1983 年改造完成并命名为 HT-6B，是我国较早投入稳定运行的空芯变压器托卡马克装置之一，曾获中国科学院科技成果奖和科技进步奖一等奖。1993 年，HT-6B 装置退役并转让给伊朗阿萨迪大学，更名为 IR-T1 并在 1995 年 2 月 17 日放电成功。

HT-6M 是中型托卡马克核聚变实验装置，其环向大半径为 0.65 米，于 1984 年底完成建设，2002 年正式退役。HT-6M 曾获中国科学院科技进步奖一等奖，并为将来建造大型核聚变装置培养了一支高水平的工程设计及物理实验队伍。2017 年，等离子体所将 HT-6M 赠送给泰国核技术研究所并在装置改造、工程技术研发、物理实验运行、聚变人才培养等方面提供全方位的帮助，改造后的装置命名为 TT-1 并于 2023 年投入实验运行。

HT-7 是在引进俄罗斯 T-7 装置的基础上重新设计、研制的装置，是我国建成并投入运行的第一个超导托卡马克实验装置，于 1994 年建成并投入运行，曾连续重复实现了长达 400 秒的等离子体放电、电子温度 1200 万摄氏度等同期同类装置的运行纪录。HT-7 于 2012 年 10 月 12 日进行了最后一次放电实验然后正式退役，成为我国首个获批退役的大科学工程装置。

EAST 是我国自主研制的世界首个全超导非圆截面托卡马克核聚变实验装置，于 2006 年建成并首次放电成功，其辅助加热系统包括低杂波、离子回旋、电子回旋、中性束注入，能够实现大于 30 兆瓦的加热功率，是实现高参数稳态运行和探索先进运行模式的重要实验平台，建成以来，我国开展等离子体放电实验超过 13 万次，先后实现 1 兆安等离子体电流放电、1 亿摄氏度以上的芯部电子温度、1000 秒的长脉冲放电三大设计参数指标。

第9章

超导赋能，聚变未来

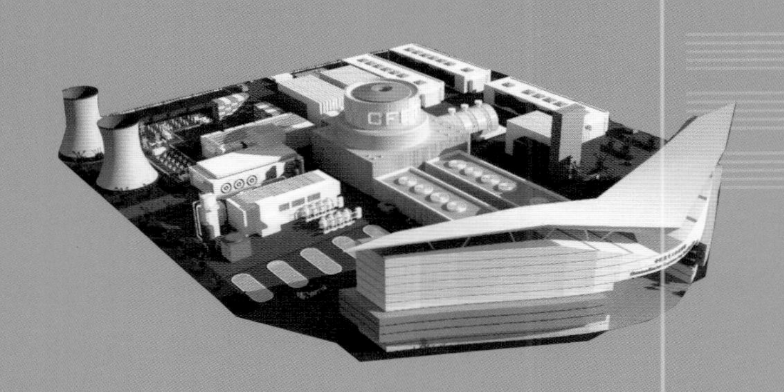

超导托卡马克是面向未来聚变堆稳态运行的首选方案。20 世纪后期，科学家们开始把超导技术应用于托卡马克装置，我国也于 90 年代初引进并改建了 HT-7 超导托卡马克装置。进入 21 世纪，可控聚变研究迎来了全超导托卡马克时代，2006 年我国率先建成首个全超导托卡马克实验装置 EAST。未来随着高温超导技术的发展和应用，能够建造更加紧凑和更高场强的托卡马克装置，助推聚变能发展。

1 超导托卡马克的诞生

苏联于 1979 年建造的 T-7 托卡马克装置是世界上第一个超导托卡马克装置，其纵场磁体系统由 48 个超导线圈组成，这就是后来的中国首个超导托卡马克 HT-7 的前身。

1990 年 10 月，中国科学院等离子体物理研究所（以下简称“等离子体所”）在认真分析了国际核聚变发展的趋向后，与俄方正式达成协议，采用以易货贸易的方式将 T-7 引进。此后，等离子体所用了 3 年时间将 T-7 装置升级为 HT-7 装置（合肥超环），特别是减少了纵场磁体个数以获得更多的等离子体诊断窗口空间，利于物理实验的开展。改造后的 HT-7，拥有 24 个线圈组成的超导纵场磁体系统（如图 9.1 中橘红色部分所示），并安装了真空室主动水冷内衬，是一个可产生长脉冲高温等离子体的中型托卡马克研究装置。

图 9.1 HT-7 装置主机

从 1994 年建成运行到 2012 年最后一轮实验，HT-7 等离子体放电次数突破 14 万次，并于 2008 年连续重复实现长达 400 秒的 1200 万摄氏度高温等离子体运行，创造了当时最长放电时长纪录（图 9.2）。HT-7 的成功让我们在超导托卡马克实验运行上积累了丰富的经验，

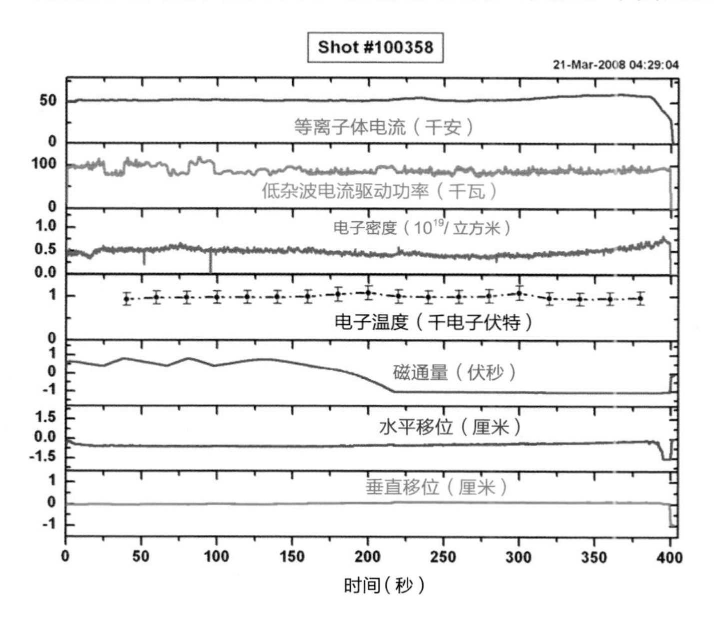

图 9.2 HT-7 实现长达 400 秒的长脉冲等离子体放电

从而让我国聚变研究跻身于世界磁约束核聚变研究的前沿，也奠定了我国广泛国际合作研究的基础，为磁约束核聚变研究事业作出了重要贡献。

然而，HT-7 装置只有环向场磁体采用超导体绕制，用以激发等离子体的中心螺管磁体和用以控制等离子体的极向场磁体仍采用铜导体绕制。未来聚变堆要向着稳态核聚变能源方向发展，全超导托卡马克是稳态运行的基础。

2 全超导托卡马克时代的开辟

在成功建设 HT-7 超导托卡马克之后，等离子体所把握未来发展趋势，积极谋划全超导托卡马克装置。像 HT-7 这类装置只是纵场磁体部分采用超导体绕制，而中心螺管磁体和极向场磁体由于磁场高、需要快速交变运行等挑战，且当时国际上并无先例可循，即使是国际热核聚变实验堆（ITER）也处于设计阶段。但未来的聚变电站需要保持长时间稳态运行，需要长时间开展等离子体运行、聚变燃料与真空内壁材料间的相互作用等研究，所以发展长脉冲等离子体运行装置成为磁约束核聚变界的共识。全超导托卡马克装置具备开展长脉冲稳态实验运行能力，因此从常规装置向全超导装置发展势在必行。

2006 年，等离子体所自主研制并建成世界上第一个全超导托卡马克实验装置 EAST［图 8.17（d）］，标志着聚变能发展步入全超导托卡马克时代，向着实现稳态核聚变能源方向发展。

EAST实验系统由装置主机和辅助系统组成，中间是一个高 11 米、直径 8 米的圆柱形主机，主机部分由一个直径约 3.5 米的环形内真空室、超导磁体、内外冷屏和杜瓦组成，主机周围则布满了各辅助加热、真空抽气、低温分配、物理诊断等系统。EAST 超导磁体系统包括 16 个 D 形环向场超导磁体、6 个中心螺管超导磁体和 8 个极向场超导磁体，超导磁体系统的储能超过 300 兆焦（图 9.3）。其中纵场超导磁体产生的环向磁场与等离子体电流产生的极向磁场叠加，最终形成螺旋磁场，从而对等离子体起到约束作用；中心螺管和极向场超导磁体

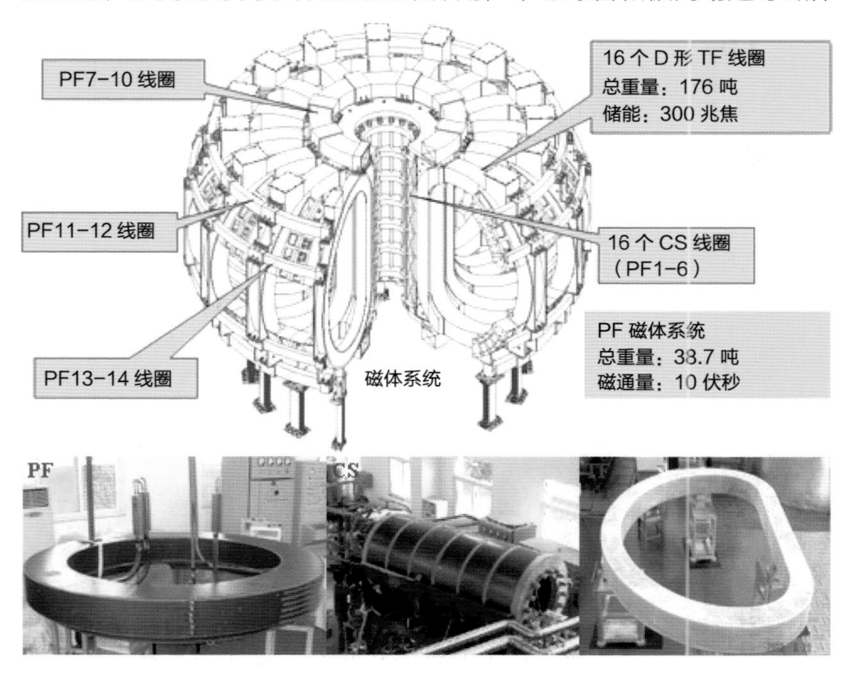

图 9.3　EAST 超导磁体系统

用以击穿、加热、成形与控制等离子体。

EAST 是人类第一个非圆截面全超导托卡马克实验装置，有长脉冲运行的能力，是第一个可开展长脉冲稳态类 ITER 先进等离子体运行的实验平台。聚焦于研究如何长时间稳定地约束等离子体，EAST 装置具有三大科学目标：1 兆安等离子体电流、1 亿摄氏度高温等离子体、1000 秒运行时间。近年来 EAST 实验屡获突破，先后于 2010 年运行 1 兆安等离子体电流（图 9.4）、2018 年首次获得 1 亿摄氏度高温等离子体、2021 年 5 月 28 日实现可重复的 1.2 亿摄氏度 101 秒等离子体运行（图 6.21）、2021 年 12 月 30 日实现 1056 秒长脉冲高参数等离子体运行（图 6.22），三大科学目标

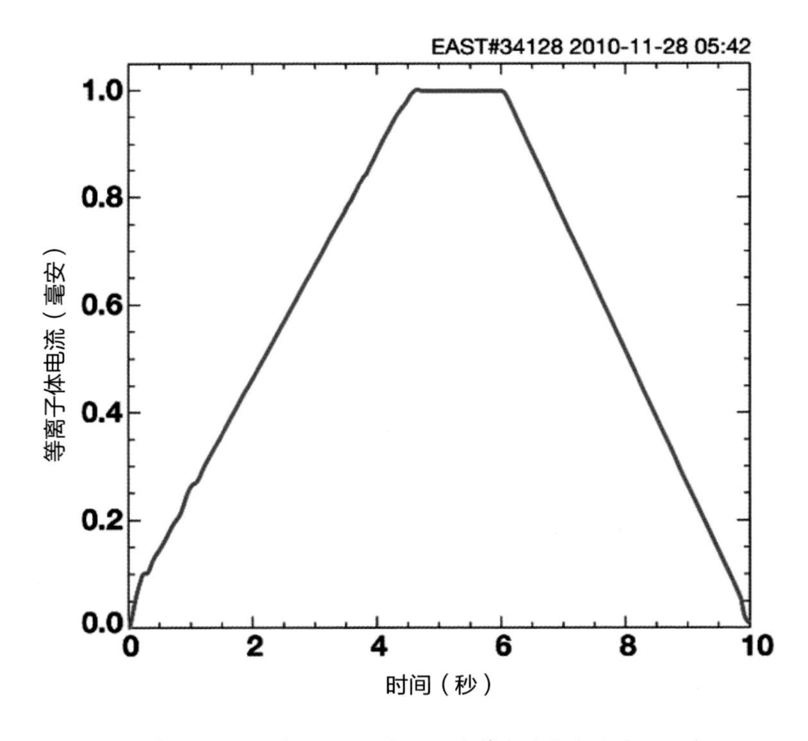

图 9.4 2010 年 EAST 运行 1 兆安等离子体电流（34128）

已经分别独立完成。

EAST 作为第一台全超导非圆截面托卡马克装置，对于中型常规托卡马克向大型全超导托卡马克的过渡起到了承前启后的作用，为下一步聚变堆的物理实验运行和工程技术研究奠定了基础。

但 EAST 仍旧定位于一个托卡马克物理实验装置，无法开展以 α 粒子加热为主的燃烧等离子体实验。所以，在聚变走向商用化之前，发展一个能够兼顾燃烧等离子体和长脉冲氘－氚等离子体运行的聚变堆，成为磁约束聚变科学界的共识。

3 磁约束核聚变的展望

托卡马克装置单位体积的聚变功率密度正比于磁场强度的 4 次方，即 $P/V \approx 8p_{\mathrm{th}}^{2} \propto \beta_{\mathrm{N}}^{2}\varepsilon^{2}q_{95}^{-2}B^{4}$。所以，获得同样的聚变功率、提高磁场强度能够有效缩小托卡马克装置的规模和造价。以国际热核聚变实验堆（ITER）为例，其环向磁场强度为 5.3 特斯拉，大半径约为 6 米；而达到同样点火条件的 FIRE 装置，其环向磁场强度为 10 特斯拉，体积只有 ITER 的 1/25，造价更只是 ITER 的约 1/20（图 9.5）。

但低温超导磁体临界磁场低使得装置规模庞大且昂贵，而铜磁体又无法实现聚变堆所要求的稳态运行。所以，具有高临界磁场和高临

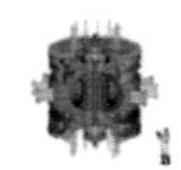

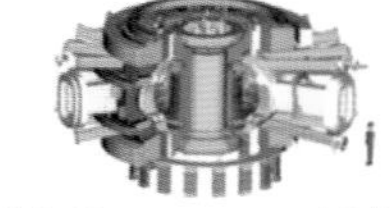

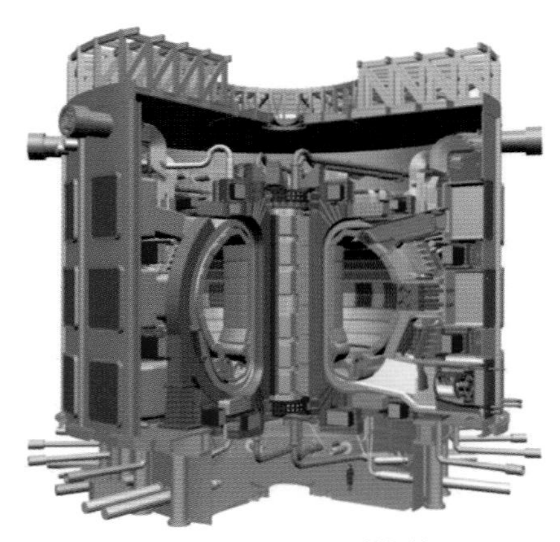

图 9.5 托卡马克装置尺寸与磁场强度呈负相关

界温度的高温超导磁体，已成为未来超导托卡马克聚变装置设计的首选方案（图 9.6）。包括我国的下一代聚变装置、美国的 SPARC、欧洲的聚变示范堆（DEMO）在内的许多未来聚变装置，均有采用

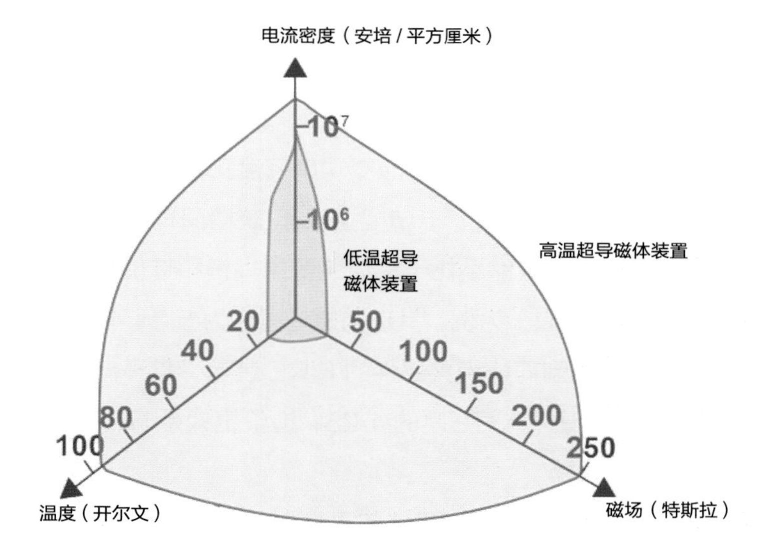

图 9.6 高温超导具有高临界磁场、高载流密度和高临界温度特性

高温超导磁体规划，以进一步提高场强和装置性能。

在我国聚变能发展路线图中，中国聚变工程试验堆（CFETR）是聚变实用化研究的关键一步，将填补 ITER 和未来商用聚变示范堆之间的技术空白，其发展路线如图 9.7 所示。

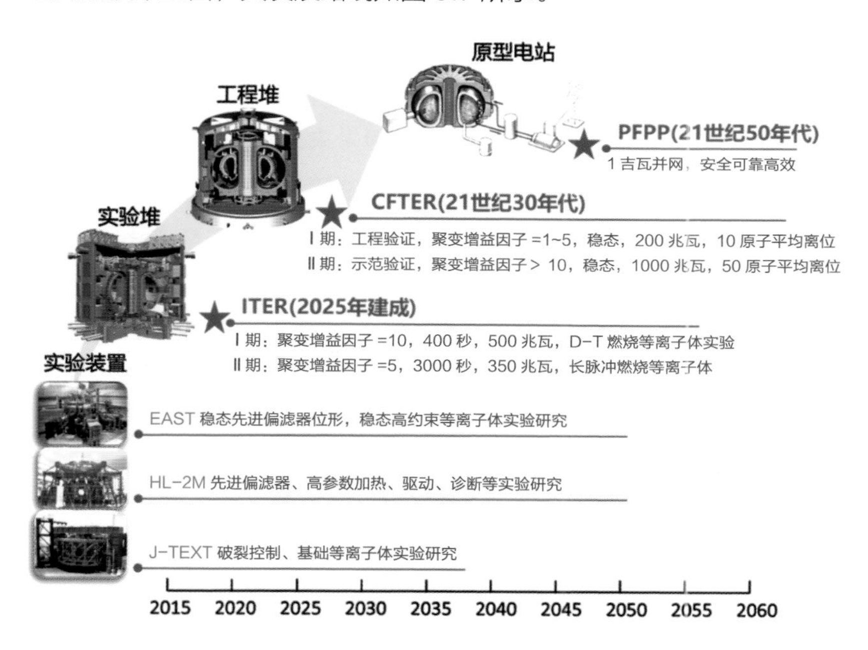

图 9.7　中国聚变能发展路线图

CFETR 第一阶段主要开展长脉冲稳态等离子体运行和燃烧等离子体研究，以实现 200 兆瓦的聚变功率；第二阶段主要围绕商用聚变示范堆开展相关验证性试验，同时实现 1 吉瓦的聚变功率。为实现高参数等离子体运行，CFETR 大半径设定为 7.2 米，小半径设定为 2.2 米，等离子体中心场强为 6.5 特斯拉。CFETR 同样采用全超导磁体集成方案，以实现长脉冲稳态运行，因此超导磁体系统是 CFETR 的核心部件之一（图 9.8）。根据 CFETR 的物理要求，纵场磁体的最大运行电流为 95.6 千安，最高场强达 14.5 特斯拉，总储能为 122 吉焦耳；中心螺管磁体的最大运行电流为 60 千安，最高场强达 17.2 特斯拉。

未来聚变反应堆是真正意义上的稳态运行，这要求装置的磁体系统是全超导的。回眸过去，HT-7 装置和 EAST 装置的成功建造和运行，开辟了我国超导托卡马克研究的先河，为未来聚变堆发展提供了物理研究和工程技术保障。放眼未来，我国聚变团队谋划了清晰的发展路线图，形成了以聚变工程试验堆为基石，兼顾示范堆实验目标，进而延伸到聚变电站相关问题研究的完整聚变路线。

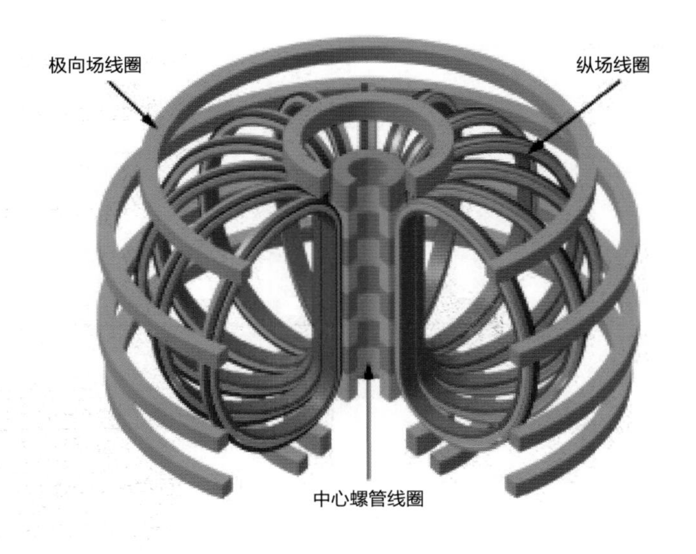

图 9.8　CFETR 超导磁体系统